Stair na aireagán tóir comhaimseartha

leideanna léasair

Is é an stair an pointeoir léasair nasctha go dlúth leis sin de

an léasair . Cé go raibh sé Albert Einstein a d'fhorbair

an teoiric bhunúsach de Léasair sa 20ú haois , tá sé

deacair a pinpoint go díreach a bhí freagrach as

an aireagán an chéad léasair oibre . Cé Theodore

Maiman Tá sochair go forleathan leis a chruthú ar an chéad léasair i

1960 , tá trí níos mó eolaithe - Charles Townes ,

Arthur Schawlow agus Gordon Gould - a contend freisin

le haghaidh an onóir céanna . Fuair Gould paitinn do chuid

aireagán i 1977 , 20 bliain tar éis a chuid oibre tosaigh, ach ag an

Bhí go leor grúpaí am ag baint úsáide cheana féin a aireagán .

Dhá ghrúpa US atá creidiúnaithe leis an aireagán an

léasair leathsheoltóra i 1962 , ar cheann faoi stiúir Robert N. Halla

ag an ionad taighde General Electric , agus an ceann eile ag

Marshall Nathan ag an T.J. IBM Ionad Taighde Watson .

Mar sin féin , tháinig leideanna léasair ach amháin phraiticiúil i 1970

a bhuíochas leis an obair Herbert Kroemer an Aontaithe

Stáit , Zhores Alferov an tAontas Sóivéadach agus a n-

comh - oibrithe . Sa bhliain 2000 , Kroemer agus Alferov fuair an

Duais Nobel san Fhisic le haghaidh a n -aireagán .

A léasair leathsheoltóra , le cineál dé-óid leathsheoltóra , chomh maith dá ngairtear léasair dé-óid . Tá Diodes ann

leictreachais ag dul sa treo amháin agus léasair dé-óid

is féidir a tháirgeadh solas go héasca nuair a théann leictreachas trí

iad . A cheangal ar Léasair dé-óid den sórt sin a chosaint ó chumhacht

borradh agus athruithe teochta . Ciorcad cumhachta - rialú

a úsáidtear chun cosc a chur ar an dé-óid ó bheith ag fáil i bhfad ró-

nó is féidir ró-beag cumhachta, agus cás plaisteach é a chosaint ó

difríochtaí teocht .

Léasair leathsheoltóra úsáid as ábhair cosúil leo siúd i

trasraitheoirí agus ciorcaid chomhtháite d'fhonn a chruthú

léasaithe mheán . Léasair leathsheoltóra Luath (1950í) a d'fhéadfaí

ach a tháirgeadh radaíocht infridhearg neamh - infheicthe . Ó shin i leith,

leictreonaic leathsheoltóra tar éis éirí ní hamháin níos mó

saor a thabhairt ar aird , tá siad chomh maith go mbeidh níos lú

i méid agus claonadh a cheangal ar níos lú fuinnimh . Is féidir leo freisin

tháirgeadh solas infheicthe a bhfuil dearg a laghad costasach agus

Tá gorm , Violet , glas agus roinnt de na níos costasaí

leagan. Mar thoradh air sin , ag na 1980í , léasair leathsheoltóra

bhí inacmhainne go leor chun úsáid a bhaint as i do thomhaltóirí leictreonach

feistí den sórt sin threo léasair .

Feabhas ollmhór sa teicneolaíocht agus éileamh ard

Chuidigh a thabhairt síos ar an praghas na leideanna léasair

ó na céadta dollar go dtí níos lú ná cúig dollar do na

an chuid is mó cineálacha saor. Go leor táirgí cosúil le leanaí

bréagáin , gunnaí , agus teilgeoirí ionchorprú threo léasair .

rialóirí

Tá rialóir , chomh maith dá ngairtear thomhas líne nó riail , tá

gléas a úsáidtear i líníocht theicniúil , céimseata , innealtóireacht ,

ailtireacht , agus a phriontáil a tharraingt línte díreacha , beart

achair, agus mar threoir do ghearradh beacht .

Homo sapiens bheith ag baint úsáide rialóirí ó antiquity . Cé go

Bhí an chuid is mó rialóirí ársa déanta as adhmad , tá seandálaithe

cinn a aimsíodh déanta de Eabhair a úsáideadh roimh 1500 RC

ag an Sibhialtacht Gleann Indus . Tá amháin rialóir den sórt sin curtha

fuair sé amach i measc na tochailtí ag Lothal agus tá

dar dáta léir ar an mbealach ar ais go dtí 2400 RC . Tá sé Creidtear go bhfuil an

Tá rialóir roinnte ina aonad gach tomhais 1.32 orlach ,

marcáilte amach i foranna dheachúlach le cruinneas iontach

(go dtí laistigh de 0.005 orlach) . Brící Ársa fáil ar fud

an réigiún toisí a mheaitseáil leis na haonaid .

Industrialist Gearmáinis Anton Ullrich Tá creidiúnaithe leis an

aireagán an rialóir fillte i 1851 . Sa bhliain 1887 , fuair sé

paitinn do na hinge earrach gcumhachtú úsáid ina

aireagán . An chuideachta bhunaigh sé ann go fóill . Go deimhin , tá sé

mhonaraíonn raon uirlisí tomhais faoi

an t -ainm trádála ' Stabila ' .

Ach ní raibh rialóirí i gcónaí as adhmad nó Eabhair . siad

déanta freisin as plaistigh agus miotail . agus riamh

ós rud é an teacht ar plaisteach , rialóirí dhéanamh den ábhar seo

a bhfuil clú agus prominence mar is féidir iad a mhúnlú go héasca

leis na marcálacha in ionad iad a inscríofa air . Sa lá atá inniu

Tá miotal teoranta den chuid is mó do rialóirí a úsáidtear i gceardlanna , nó

leabaithe isteach i rialóir adhmaid a úsáidtear le haghaidh na líne dírí

ghearradh chun a himill a chaomhnú .

Rialóirí Deasc úsáidtear go príomha le haghaidh tarraingt línte díreacha , a

achair a thomhas , nó chun fónamh mar threoir do ghearradh chomh maith

líne . Tá na cineálacha rialóirí fad - marcálacha chomh maith

a n-imill . Ar an láimh eile , tá a thomhas líne a úsáidtear sa

tionscal priontáil , a úsáideann agate , picas , pointí agus orlach

mar a aonad tomhais . Ina theannta sin , féadfaidh roinnt tomhsairí

freisin samplaí de leithid líne i bpointe méideanna éagsúla .

Feistí eile a thomhas , mar shampla rialóirí fillte in úsáid ag

siúinéirí , agus bearta téip déanta de mhiotal , a dhéantar

iniompartha ag folding nó retracting isteach corn . An oiriúint ar

Tá téip fabraic gléas fad - tomhais solúbtha eile

go bhfuil calabraithe i ceintiméadar agus orlach . Tá sé a úsáidtear le haghaidh

ag déanamh tomhais líneacha chomh maith a thomhas

thart ar réad - den sórt sin mar méid waist duine soladach .

Tá rialóir crapadh , ar a dtugtar freisin mar rialóir Laghdaigh , tá

gléas go bhfuil rannáin níos mó ná caighdeán a thomhas

aonaid a chúiteamh crapadh le linn réitigh miotail .

uillinntomhais

I céimseata , is uillinntomhas chearnóg , ciorclán nó

uirlis leathchiorclach de ghnáth déanta as trédhearcach Peirspéacs

agus a úsáidtear le haghaidh uillinneacha a thomhas . An t-aonad tomhais

Tá de ghnáth céimeanna stua . Déantar iad a úsáid le haghaidh réimse

na n-iarratas meicniúla agus innealtóireachta a bhaineann le ,

ach b'fhéidir go bhfuil a n-úsáid is coitianta sa chéimseata

ceachtanna i scoileanna . Cé go bhfuil roinnt uillinntomhais simplí

leath - dioscaí , uillinntomhais níos mó chun cinn , mar shampla an bevel

uillinntomhas , tá lámha ag luascadh amháin nó dhá a úsáidtear chun cabhrú

a thomhas an uillinn .

Is é an simplí , uillinntomhas leath - diosca feiste ársa , ag dul

siar na mílte bliain . Cé go bhfuil sé Creidtear go bhfuil an

Tá aireagóir fíor caillte i an gaineamh ama , i 2011,

fhéidearthacht intriguing tháinig chun solais . An ailtire Éigipteach

Bhí chabhraigh ainmnithe Kha a thógáil tuamaí pharaohs ' le linn

an dynasty hÉigipte 18 , thart ar 1400 RC . Sa bhliain 1906 , a

Cuireadh tuama féin aimsigh slán ag seandálaí Ernesto

Schiaparelli i Deir - al- Medina , in aice leis an Ghleann na

Rí i Téibh , An Éigipt . I measc giuirléidí Kha ar bhí

aimsigh ionstraimí lena n-áirítear slata tomhais cubit ,

gléas leibhéalta go resembles cearnóige nua-aimseartha ,

agus cad a chuma a bheith ina oddly múnlaithe folamh adhmaid cás le lid insí . Schiaparelli shíl réad seo caite

Bhí ionstraim leibhéalta eile . An músaem i Torino ,

Iodáil, i gcás ina bhfuil na hítimí á taispeáint anois , aithníodh

an cás adhmaid mar a bheidh ar scála cothromaíochta.

Ach Amelia Sparavigna , fisiceoir in Torino Polytechnic ,

le fios go raibh sé go hiomlán difriúil ailtireachta

uirlis - uillinntomhas . An eochair , a dúirt sí , a leagan ar an líon

ionchódaithe i réad maisiú ornáideach , a resemble

ardaigh compás le 16 peitil cothrom spaced timpeallaithe

ag fiarlán ciorclach le 36 coirnéil . Sparavigna chuaigh ar

a lua go má leagadh an barra díreach ar an réad ar

fána , bheadh líne Plumb nochtann claonas an chuair ar an

dhiailiú ciorclach . Mar sin féin , tá go leor seandálaithe skeptical

an teoiric agus a chothabháil go bhfuil an réad adhmaid

ach cás ornáideacha.

Bhí an chéad uillinntomhas casta a ceapadh chun breacadh an

seasamh na báid ar na cairteacha loingseoireachta . Glaoite threearm

uillinntomhas nó pointeoir stáisiún , bhí invented i 1801

ag Joseph Huddart , ar captaen cabhlaigh Béarla . an t-ionad

Tá lámh seasta , cé go bhfuil an dá seachtrach rotatable , in ann

á chur ar bun ag aon uillinn i gcoibhneas leis an ionad amháin .

compáis Tarraingthe

Tá compás nó péire compáis líníocht theicniúil

ionstraim eolas ag gach dalta scoile . Tá sé a úsáidtear i

scoil i ranganna chéimseata chun cabhrú le tarraingt foirfe

ciorcail agus Airc . Is féidir é a úsáid freisin cosúil le péire de roinnteoirí

achair , go háirithe ar léarscáileanna thomhas .

Tá Fear compáis ar eolas agus in úsáid ó am ársa .

Go deimhin , a úsáidtear na Gréagaigh ársa iad mar teagaisc bunúsach

uirlisí . Bhí cruthaithe Gach na teoirimí de Euclid baint úsáide as ach

dhá uirlisí líníochta : péire compás agus rialóir

le ciumhais dhíreach . Tá an fhoirm bhunúsach an chompáis

Ní athrú go mór ó shin , ach cruach agus plaisteach

tá ionad den chuid is mó a ábhar tógála bunaidh ,

de ghnáth práis . I roinnt pictiúir na hEorpa sna meánaoiseanna ,

Is é an chompáis úsáid fiú mar shiombail de bhunaidh Dé

gníomh a chruthú , i.e. , Genesis .

Sa bhliain 1606 , an t-eolaí cáiliúil Iodálach Galileo Galilei foilsithe

treatise tiomanta do na compás , dar teideal 'Le operazioni del

compasso geometrico et militare ' (An oibriú geoiméadrach

agus compáis míleata) . Dúirt sé scála grádaithe chuig an

líníocht compás agus úsáidtear é chun a léiriú grafach

ríomh ús iolraithe agus feidhmeanna eile .

An chuma ar an úsáid liteartha is cáiliúla de compáis in A

Valediction : Cosc a Mourning , scríofa ag John Donne ,

i 1611 . Úsáideann an scéalaí an chompáis mar meafar don

in iúl an neart an ghrá spioradálta . I gcomparáid sé a

leannán chun an chos seasta an chompáis agus é féin go dtí an

eile chos saor in aisce - gluaiseacht :

Má tá siad a bheith dhá , tá siad dhá sin

Tá compáis cúpla Mar righin dhá ;

Déanann Thy anam , an chos fix'd , aon seó

A bhogadh , ach doth , más rud é ú 'a dhéanamh eile .

Agus cé tá sé i suí lár ,

Ach , nuair a bheidh an roam i bhfad doth eile ,

Leans sé , agus hearkens tar éis dó,

Agus Fásann in airde , mar a thagann go baile .

Wilt thou den sórt sin a bheith dom , ní mór a ,

Cosúil chos eile ú ' , obliquely reáchtáil ;

Déanann Thy firmness mo ciorcal díreach ,

Agus a dhéanann mé deireadh nuair a thosaigh mé .

An raibh a fhios agat ?

An cóta de armas oifigiúil na tíre iar Thoir

Ghearmáin feiceáil casúr agus compás timpeallaithe

ag fáinne de seagal . Tá na rudaí ionadaíocht oibrithe ,

intleachteach , agus feirmeoirí , faoi seach .

pinn GRÁNBHIORACH

Pinn ballpoint úsáid dúch slaodach go bhfuil ligean thar ceal ag an

gníomh de liathróid bheag atá suite ag barr an peann rollta .

An liathróid , de ghnáth ó 0.5 mm go 1.2 mm ar trastomhas , féadfaidh sé,

a dhéanamh de phrás , cruach , chomhdhúile tungstain , nó aon duine eile ábhar durable .

Cuireadh paitinnithe leaganacha is luaithe ón peann gránbhiorach il

amanna , ach ní raibh rath tráchtála . an chéad

Eisíodh phaitinn ar 30 Deireadh Fómhair 1888, le John Loud , ina

Tanner leathair . Tháinig an smaoineamh a Loud nuair a bhí sé ag iarraidh

a scríobh ar a dtáirgí agus d'fhéadfadh sé a fháil ar aon tobair

peann a bheadh scríobh ar leathair . Bhí os ard ar peann beag

rothlach liathróid chruach , a tionóladh i bhfeidhm ag soicéad . Mar sin féin, seo

riamh peann monaraíodh . Ná raibh aon cheann de na eile

350 paitinní do pinn liathróid - cineál a eisíodh thar an chéad cheann eile 50

bliana . Ba é an fhadhb mhór an dúch - na pinn leaked

le dúch tanaí , agus clogged le dúch tiubh . Ag brath ar

an teocht , bheadh an peann a dhéanamh uaireanta araon .

László badhró , eagarthóir nuachtáin Ungáiris a bhí frustrated ,

ag an méid ama a amú sé i líonadh suas Fountain

pinn agus glanadh suas leathanaigh smudged . Thug sé faoi deara go

dúigh a úsáidtear i priontáil nuachtán triomaithe go tapa , ag fágáil

an páipéar tirim agus saor smudges , agus chinn a chruthú

peann a úsáidtear é . Mar sin féin , ní bheadh an dúch slaodach

sreabhadh isteach i NIB peann tobair , mar sin badhró , le cabhair ó

a dheartháir György , (ath) chum an peann gránbhiorach agus

bhí ag brath den paitinnithe sé sa bhliain 1938 . pinn luaithe ar an meáchanlár

chun an dúch a sheachadadh ar an liathróid , a ba chúis deacrachtaí

leis an sruth agus is gá go peann ar siúl beagnach

hingearach . An peann Biro, a úsáidtear gníomh ribeach agus loine go brú arb ionann an colún dúch , réiteach ar na fadhbanna .

Na Breataine fuarthas amach go nach raibh Biros sceitheadh ag airde ard ,

murab ionann agus pinn tobair . Mar sin, ceadúnaithe siad an dearadh nua agus

an peann gránbhiorach Biro, bhí go luath á mais - tháirgtear le haghaidh

an Aer-Fhórsa Ríoga .

Go han-luath cuideachtaí eile tús freisin déantúsaíochta

pinn gránbhiorach . Ach gach ceann acu os comhair fós go leor fadhbanna .

Uaireanta, bheadh an pinn sceitheadh , smudge an páipéar , nó

Ní scríobh go réidh . Tá beirt fhear réiteach ar deireadh leis na saincheisteanna .

Ba é an chéad Meiriceánach ainmnithe Patrick J. Frawley Jr

Sa bhliain 1949, sheol a chuid cuideachta a chéad peann gránbhiorach ,

bhí an ' Mate Páipéar ' , a bhfuil díol pointe an aon - smearaidh

dúch . Ba é an dara ceann Francach ainmnithe Marcel Bich ,

a sheol soiléir - bhairilleach , réidh - scríbhinn , nonleaky ,

peann gránbhiorach saor i 1952 gur iarr sé

an Bic gránbhiorach . Bhí an peann gránbhiorach a bheith ar deireadh

ionstraim scríbhinn praiticiúil !

siosúr

Cuireadh na chéad siosúr invented is dócha thart ar 1500

RC san Éigipt ársa nó Mesopotamia agus scaipeadh go mall

tríd an chuid eile den domhan ársa trí thrádáil agus

taiscéalaíochta . Bhí na siosúr de ' scissor earrach '

éagsúlacht , ina bhfuil dhá lanna cré-umha ceangailte ag an

Láimhseálann ag tanaí , stiall solúbtha de chré-umha cuartha (an fulcrum) a bhí na lanna i ailíniú , ag ligean

iad a brú le chéile agus ceirteacha tarraingthe amach nuair

scaoileadh . Siosúr cré-umha Éigipteach ar an 3ú haois

Tá RC rudaí ar leith na healaíne . Ar gach lann go bhfuil siad

fireann maisiúil agus figiúirí baineann complimenting gach

eile . Tá siad seo déanta ag píosaí soladacha de mhiotal de

inleagtha dath difriúil sa cré-umha.

Lean siosúr Earraigh a bheidh le húsáid san Eoraip go dtí an

16ú haois . Ach i nó thart ar 100 AD , aos ceirde Rómhánach

siosúr tras - lann forbartha, ina bhfuil na bladeedges

crosáilte agus slid thar a chéile nuair a gearradh . an

fulcrum looping fós fhan , ionas go mbeidh an siosúr quieuit

i bpost oscailte tar éis a úsáid . Na bhí coitianta

ní hamháin sa Róimh ársa , ach freisin sa tSín , an tSeapáin agus

Chóiré . Cé go bhfuil an smaoineamh tras - lann fós in úsáid i mbeagnach

gach siosúr nua-aimseartha , ach cúpla cineálacha nós grassedging

deimhis choinneáil ar an fulcrum .

Ag pointe éigin sa siosúr ' éabhlóid , an anaithnid

aireagóir realized go rialú níos mó le níos lú lámh

D'fhéadfaí neart a fháil trí thréigean an fulcrum ,

scaradh na siosúr ina dhá phíosa (i gceangal le

scriú nó rivet) agus lúba do mhéara a dhéanamh . Sa chúigiú

haois , an scríobhaí Isidore de Sevilla , an Spáinn , cur síos

siosúr tras - bladed le mhaighdeog lár mar uirlisí an

Bearbóir agus oiriúint . Siosúr mhaighdeog den sórt sin de chré-umha nó iarann

Bhí an sinsear díreach siosúr nua-aimseartha .

Ní raibh siosúr mhaighdeog a mhonaraítear i líon mór

go dtí 1761 nuair a tháirgtear Robert Hinchliffe an chéad péire

siosúr nua-aimseartha - lá a rinne de cruaite agus snasta

cruach theilgthe . Hinchliffe cónaí i gCearnóg Cheney , Londain ,

agus is dócha go raibh an chéad duine a chur amach ar chlár comharthaí

fógairt féin ar mhonaróir scissor fíneáil .

I rith an 19ú haois , siosúr bhí lámh - brionnaithe le

elaborately maisithe Láimhseálann . Cruthaíodh an lanna

ag hammering an cruach ar dhromchlaí bearnach a dtugtar

bosses , agus na fáinní sa Láimhseálann , ar a dtugtar mar bows ,

Rinne punching poll sa cruach agus a leathnú

sé leis an deireadh Léirigh na anvil .

Sa bhliain 1967 , an Chorparáid FISKARS seoladh a n- cáiliúla

siosúr oráiste - láimhseáil , atá fós an- tóir .

IAR - IT NÓTAÍ

A Iar - sé nó Sticky nóta píosa stáiseanóireacht deartha

chun ghabhann go sealadach nótaí ar dhoiciméid agus eile

dromchlaí . Cé ar fáil anois i réimse na dathanna ,

Tá cruthanna , méideanna agus , nótaí Iar - sé de ghnáth trí orlach

cearnóga daite buí canáraí . A uathúil íseal- tack

Ceadaíonn stiall greamachán ath-inúsáidte ar chúl na nótaí a bheith

go héasca ag gabháil leis agus go mbainfear gan marcanna a fhágáil .

An téarma Iar - sé agus an dath buí canáraí cláraithe

trádmharcanna de na cuideachta Mheiriceánach 3M . Go dtí an

1990í , nuair a éag an phaitinn , bhí siad ar aird ach amháin

sa ghléasra 3M i CYNTHIANA , Kentucky . Cé eile a

cuideachtaí a tháirgeadh anois nótaí ' greamaitheacha ' nó repositionable ,

an chuid is mó de phobal an domhain nótaí Iar - sé a dhéanamh fós .

Sa bhliain 1968 , bhí an Dr Spencer Silver , poitigéir ag 3M ,

ag iarraidh a fhorbairt ghreamaitheacha Super - láidir , ach

ina ionad sin a cruthaíodh trí thimpiste ath-inúsáidte íseal- tack , pressuresensitive

greamachán . Ar feadh cúig bliana , gan rath i bhfad ,

Silver cinn a aireagán laistigh 3M araon go neamhfhoirmiúil

agus trí sheimineáir . Bhí sé ach amháin i 1974 go comhghleacaí

dá chuid, an Dr Art Fry , a d'fhreastail ar cheann de Silver

seimineáir , tháinig suas leis an smaoineamh a úsáid ar an adhesive

a dhaingniú ar an leabharmharc ina hymnbook linn

seirbhísí eaglasta . Fry ansin tuilleadh forbartha ar an smaoineamh ag

leas a bhaint as 3M ar cheadóidh go hoifigiúil ceadaithe

Bhí cead ag foireann taighde a chaitheamh : beartas bootlegging

10-15 faoin gcéad dá gcuid ama ag obair ar thionscadail peataí .

An dath buí ar an bunaidh Iar - sé go raibh roghnaithe ag

timpiste - saotharlainne seo chugainn - doras leis an bhfoireann Iar - sé nach raibh dramh

páipéar buí , a úsáidtear an fhoireann le haghaidh a turgnaimh .

Faoi dheireadh bhí bainistíocht 3M cinnte agus na nótaí

Seoladh i 1977 i ceithre chathair faoin ainm Preas

' N Peel . Bhí díolacháin tosaigh an- díomá . Mar sin féin ,

bhliain ina dhiaidh sin , a dháileadh 3M samplaí in aisce do chónaitheoirí

Boise , Idaho agus léirigh 94 faoin gcéad de na daoine

a thriail a dúirt siad go mbeadh siad a cheannach ar an táirge .

Ar deireadh , ar 6 Aibreán , 1980, debuted an táirge i siopaí US

mar Iar - sé nótaí . Sa bhliain 1981 , bhí siad a seoladh i gCeanada

agus san Eoraip .

An raibh a fhios agat ?

Tá an humble nóta Iar - sé a úsáidtear chun a chruthú tromchúiseach

saothair ealaíne . Sa bhliain 2000 , chun ceiliúradh a dhéanamh ar 20 bliain

Nótaí Iar - sé , a cruthaíodh ealaíontóirí saothar ealaíne orthu . amháin den sórt sin

obair, ag RB Kitaj , a dhíol le haghaidh £ 640 ag ceant , rud a chiallaíonn sé

an nóta Iar - sé is luachmhaire ar taifead .

stáplóirí

An meaisín a dtugtar an chéad haghaidh páipéir cheangail le chéile

Rinneadh sa 18ú haois sa Fhrainc le haghaidh an eisiach

úsáid a bhaint as an Rí Louis XV . Bhí gach stáplacha lámhdhéanta fiú

inscríofa ar a mbeidh inchomhartha an gcúirt ríoga . Mar sin féin ,

Riamh an meaisín díoladh , fiú mar an fás ar úsáid

páipéar sa 19ú haois a cruthaíodh an t-éileamh . Meiriceánach

agus aireagóirí na Breataine Cuireadh tús gan mhoill paitinniú éagsúla

meaisíní stáplóir - mhaith agus tugadh isteach roinnt iomaíocht

teicneolaíochtaí sa mhargadh . An cath mhair chomh déanach leis an

1940í ar chúis amháin simplí : aon duine a fuair ceart sé go leor !

Mar shampla , i 1895 , an EH Hotchkiss Chuideachta

Norwalk , Connecticut , thosaigh ag díol a gcuid sin ar a dtugtar Uimhir 1

Páipéar ceanglóir . An meaisín a mbaintear úsáid stiall fhada wiredtogether

stáplaí agus a bhuíochas a úsáid gan stró - de - , tháinig mar sin

tóir go bhí sé ar eolas go simplí mar ' an Hotchkiss . '

Mar sin féin , is gá an dearadh le stróc trom ar an

plunger meaisín a dheighilt ón stáplaí as a n- stiall

agus iad a bhrú isteach i chairn de pháipéar . Go deimhin , Hotchkiss

úsáideoirí choimeád go minic mallets beag réidh chun na críche sin .

Chomh maith ó phaitinní , an chéad úsáid a foilsíodh ar an bhfocal

Ba stáplóir i bhfógrán do PIN Páipéar hAois

Stáplóir sin le feiceáil i iris an Munsey Meiriceánach

i 1901 . Mar sin féin , go dtí na 1920í , téarmaí cosúil le páipéar

ceanglóir , meaisín stapling , agus ceanglóra stáplacha Baineadh úsáid

chun cur síos ar cad a dtugtar againn anois stáplóir .

Mórdhíoltóir Stáiseanóireacht Jack Linksy Bunaíodh Swingline ,

a ansin chuaigh sé ar a bheith ar cheann de na fearr - ar a dtugtar

brandaí doiciméad cheangail , sna 1930í . Sa bhliain 1937 ,

Swingline fhorbair an Uimh Swingline Luas Stáplóir

3- an chéad ghaireas barr - luchtú . Bhí sé láithreach

tóir mar gheall ar a éasca - de - úsáide . Murab ionann agus samhlacha níos luaithe ,

ina bhfuil gá le scriúire agus casúr a chur isteach

na stáplaí , Linksy agus a innealtóirí chruthaigh paitinnithe

aonad ina barr an meaisín Osclaíodh go simplí

agus na stáplaí thit ceart isteach

Tá an stáplóir nua-aimseartha fhan beagnach gan athrú

ós rud é perfected Linksy é i 1937 . Tá Swingline sochair freisin

le táirgí a tháinig chun bheith cultúr pop a chruthú

sainchomharthaí tíre , mar shampla an tsamhail dearg le feiceáil ar an cult

Spás Oifige scannán . Bhí invented samhlacha leictreacha sa

1950í , a rinne doiciméad cheangail níos éasca ná riamh .

An raibh a fhios agat ?

Go dtí an lá , is é an focal le haghaidh stáplóir sa tSeapáinis hochikisu ,

cé go bhfuil an Chuideachta Hotchkiss fada as

gnó.

bioróirí pinn luaidhe

Roimh an fhorbairt bioróirí tiomnaithe , sceana

(cosúil le peann - sceana) Baineadh úsáid as chun pinn luaidhe ghéarú trí

whittling leo . Tá roinnt cineálacha speisialaithe de pinn luaidhe , den sórt sin

mar pinn luaidhe siúinéir , tá sharpened fós le scian

mar gheall ar a n-uathúil cothrom cruth - a ceapadh chun cosc a chur ar

iad ó rollta amach .

Sa bhliain 1828 , matamaiticeoir Francach ainmnithe Bernard

Lassimone chum an chéad sharpener peann luaidhe meicniúil

agus iarratas ar phaitinn . An sharpener úsáidtear miotail beag

comhaid atá leagtha ag 90 céim i mbloc adhmaid a scraped agus

talamh barr an peann luaidhe ar. Mar sin féin , ní raibh a aireagán

i bhfad níos tapúla ná mar a whittling agus mar sin ní raibh teacht ar . Sa bhliain 1847,

Francach eile ainmnithe Therry des Estwaux feabhsaithe

ar dhearadh Lassimone agus tháinig suas le sharpener go

D'oibrigh ag casadh an peann luaidhe i tithíochta cón - chruthach .

Inniu, tá an dearadh ar a dtugtar an sharpener priosma .

Walter Foster Bangor , Maine , feabhsaithe agus a shimpliú

Dearadh Estwaux i 1855 , rud a ligeann an uirlis a bheith go héasca

mais - tháirgtear , agus ag na 1880í , bhí roinnt cuideachtaí

déantúsaíochta bioróirí priosma i gcainníochtaí móra .

Idir na 1880í agus na 1910idí , aireagóirí iomadúla

bioróirí pinn luaidhe

agus cuideachtaí Ghlac suas an dúshlán a bhaineann le feabhas a chur ar

sharpener peann luaidhe meicniúil . An tréimhse seo de nuálaíocht

dar críoch beagnach ag an lár - 1910s , nuair a bioróirí pinn luaidhe

ag baint úsáide as dhá sorcóirí optional le bíseach imill a ghearradh

thosaigh a tionchar an-mhór ar an margadh . An dearadh éirigh

toisc gur aithin daoine go bhfuil an cur chuige ceart chun

pinn luaidhe faobhair bhí i seilbh an dá an peann luaidhe agus

sharpener seasta agus lig bogadh an obair istigh

haonfhoirmeach ar fud an peann luaidhe , géarú air . An chéad iarrachtaí

den sórt sin a dearadh ionchorprú páirín a chur i bhfeidhm agus /

nó lanna , níl a d'oibrigh go han-mhaith . Ansin , i

1896 bhí paitinnithe an AB Dick optional Pencil phointeora .

Seo sharpener úsáid as dhá dioscaí muilleoireacht a ' revolved

thart ar a n-aiseanna mar a orbited siad an barr an peann luaidhe ' ,

a bhfuil ar a dtugtar meicníocht optional .

Sa bhliain 1904 , an OLCOTT Climax Pencil Sharpener tuilleadh

feabhas ar an dearadh a thabhairt isteach le gearradh sorcóireach

ceann le bíseach imill a ghearradh i meicníocht optional .

Cé is moite amháin an simplí , saor

sharpener priosma , tá an dearadh ar aghaidh ag tionchar an-mhór

ar an margadh . Tá an t-athrú is mó ó shin bhí an

a thabhairt isteach chun leictreachas ag casadh an ceann a ghearradh .

Den sórt sin bioróirí pinn luaidhe leictreacha le haghaidh oifigí a bheith déanta

ó ar a laghad 1917 , ach ní raibh a bheith i ndáiríre ar bhonn tráchtála

inmharthana go dtí na 1940idí .

Seilitéip & SCOTCH TÉIP

Scotch Téip , ainm branda na 3M forbraíodh , i

1930aidí i Minneapolis , Minnesota ag aireagóir Mheiriceá

Richard Gurley Drew . Nuair a chuaigh Drew 3M i 1923 ,

sé déanta den chuid is mó páirín agus scríobaigh eile .

Tráthnóna amháin , Drew , a bhí ina chúntóir saotharlainne óg ag an

am , cuairt ar an siopa comhlacht gluaisteán i St Paul , Minnesota , go

thástáil ina seachadfar beart nua de páirín . Tá fuair sé roinnt an-

oibrithe feargach . Dhá - dath post péint uathoibríoch , a bhí

tóir ag an am , is gá iad a masc codanna áirithe

an ghluaisteáin baint úsáide as téip ghreamaitheach trom agus sean-nuachtáin .

Tar éis an triomaithe péint , bhain siad an téip agus go minic -

scafa amach mar chuid den péint nua !

Drew thuig go raibh margadh do téip le níos lú

greamaitheach ionsaitheach agus mar sin thosaigh fada agus frustrating ar thóir an meascán ceart na n-ábhar . Chaith sé dhá

blianta ag tástáil roimh fhorbairt foirmle

coinníodh greamaitheach leis an Chomh maith glycerin agus tacaíocht

le páipéar crepe . 3M Sheol deireadh chumhdaigh Drew ar

téip i 1925 . Bhí an dearadh bunaidh ghreamaitheacha feadh a

imill ach ní i lár . Ina chéad iarracht thrialach , thit sé amach

an carr agus péintéir uathoibríoch frustrated dranntán ag Drew ,

' Tóg an téip ar ais chuig na bosses Scotch de mise ! ' Ag

Scotch i gceist aige sprionlaithe . An leasainm bhfostú .

Undeterred , chuaigh Drew ar ais ag obair agus thosaigh

clúdach uiscedhíonach do charranna iarnróid a fhorbairt . lá amháin

labhair sé le fear 3M taighdeoir a bhí ag smaoineamh ar

pacáistiú 3M rollaí téip chumhdaigh i ceallafán , nua

wrap taise- cruthúnas cruthaithe ag Dupont . Cén fáth , Drew

wondered nach bhféadfaí , ceallafán a brataithe le greamachán

agus a úsáid mar téip ina saothraítear rónta a chuid gluaisteáin railroad ?

I mí an Mheithimh 1929, d'ordaigh Drew 100 slat ar ceallafán le

chun turgnaimh a dhéanamh . Cheap sé a táirge go luath

sampla a léirigh gealltanas le haghaidh pacáistiú ar gach cineál

táirgí . Ach bhí sé deacair a chur i bhfeidhm go cothrom greamachán

ar ceallafán , a scoilt go héasca le linn an meaisín

sciath . Thóg sé Drew níos mó ná bliain a réiteach ar na fadhbanna

agus ní raibh sé go dtí go déanach 1930 go 3M sheol ar deireadh

Téip ceallafán Scotch . Chuaigh sé ar a bheith ar cheann de na

an chuid is mó táirgí cáiliúla agus a úsáidtear go forleathan i stair na

3M . An rath marcáilte tús na cuideachta

éagsúlú , agus chabhraigh sé leo a rath in ainneoin na

Spealadh Mór.

Seilitéip , sheol Englishmen Colin Kininmonth

agus George Gray i 1937 é , an branda téip ghreamaitheach tosaigh

sa U.K. , an India agus i dtíortha eile . Bhí sé cruthaithe ag

scannán ceallafán sciath le roisín rubair nádúrtha .

FLUID CEARTÚ

Bhí sreabhán ceartúchán Luath ghnáth dúigh bán, a

Ní raibh comhoiriúnach leis an dath páipéar go han-mhaith , ghlac fada

am a thriomú , agus a bhí sé deacair a scríobh ar . Ceann de na

Bhí invented sreabhán ceartúcháin chéad nua-aimseartha sa bhliain 1951 ag

rúnaí ó Dallas , Texas , ainmníodh Bette Nesmith

Graham . Thosaigh Graham ag obair mar feidhmeannach

rúnaí go gairid tar éis an Dara Cogadh Domhanda . Chinn sí go luath chun

a fháil ar bhealach níos fearr a cheartú earráidí clóscríobh uirthi .

Lá amháin Graham chur ar roinnt uisce-bhunaithe péint teampara ,

daite a mheaitseáil leis an stáiseanóireacht a úsáidtear sí , i buidéal ,

agus thóg sí scuab uiscedhath a bheith ag obair . Bhain sí úsáid as seo chun

cheartú a botúin clóscríobh agus fuarthas amach go raibh a riamh Boss

faoi deara . Go gairid chonaic rúnaí eile an t-aireagán nua

agus d'iarr roinnt . Graham aimsigh buidéal glas sa bhaile ,

Scríobh Botún Amach ar lipéad , agus thug sé dá cara.

Go gairid go léir na rúnaithe san fhoirgneamh theastaigh sé ró .

Sa bhliain 1956 , thosaigh Graham an Botún Amach na Cuideachta (níos déanaí

Athainmníodh Páipéar leachtacha) óna baile Dallas Thuaidh . sí

iompaigh sí na cistine i saotharlann , ar fearr a mheascadh

táirge sa cumascóir . A mac , Micheál Nesmith , ina dhiaidh sin

cáiliúla mar amhránaí / Giotáraí de tóir banna 1960 ar an

Monkees , agus a chairde buidéil a líonadh do chustaiméirí .

Ar dtús rinne Graham airgead beag in ainneoin oíche ag obair

agus deireadh seachtaine chun orduithe a líonadh . Lá amháin , áfach , rinne sí

earráid clóscríobh ag an obair , nach bhféadfaí fiú Dearmad Amach

cheartú , agus bhí fired . Chinn sí ansin a chaitheamh go léir a

am a cuideachta nua , agus gnó boomed go luath .

Tháinig Páipéar Leachtacha gnó milliún dollar ag 1967 .

Tá branda móra eile de sreabhach cheartú Wite - Amach , anois

mhonaraigh an Chorparáid BIC . Dátaí a stair a

1966 , nuair a George Kloosterhouse , ar árachas - chuideachta

cléireach , faoi deara go bhfuil leacht ceartúcháin comhaimseartha de nós

go smudge an dúch ar fótachóipeanna . Kloosterhouse , le

cabhair poitigéir Edwin Johanknecht , ansin d'fhorbair

' Wite - Out WO - 1 erasing leachtacha ' go sonrach le haghaidh

fótachóipeanna . Sa bhliain 1971 , bhunaigh siad Táirgí Wite - Out

Inc é a dhíol .

Cuireadh waterbased foirmeacha Luath Wite - Amach a dhíoltar trí 1981

agus uisce - intuaslagtha . Cé go ndearna sé seo sé éasca a ghlanadh ,

thóg sé chomh maith níos faide chun tirim agus ní raibh ag obair go maith ar nonphotocopier meán ar nós doiciméid clóscríofa .

An chuideachta aghaidh ar na fadhbanna i mí Iúil 1990 ag

a thabhairt isteach atá bunaithe ar thuaslagóirí , a thriomú tapa , ' Do gach rud '

sreabhach cheartú . Sa lá atá inniu , Páipéar leachtacha agus Wite - Amach fós

an chuid is mó tóir brandaí sreabhach ceartúcháin i Meiriceá Thuaidh ,

An Astráil, agus an Bhrasaíl, cé go bhfuil Tiobraid Árann - ex coitianta san Eoraip .

CLOG Aláraim

Daoine a bheith ag timepieces a dhéanamh le aláraim

meicníochtaí ó am ársa . An fealsamh Gréigis

Deirtear go raibh Platón a bhfuil clog uisce mór le

comhartha aláraim cosúil leis an fhuaim a orgán uisce . an

Innealtóir Hellenistic agus aireagóir Ctesibius feistithe a

cloig uisce le córais aláraim ilchasta , a d'fhéadfadh

a dhéanamh chun púróga titim ar ganga nó buille stoic ag

amanna réamh -a leagan síos . Go leor cloig aláraim uisce atá á gcumhachtú le mór ,

cé nach bhfuil cruinn an- Tógadh , san Eoraip , an tSín , agus

an domhan Arabach thar na céadta bliain amach romhainn . bhí siad

tóir go háirithe i mainistreacha , áit a raibh manaigh a

paidreacha chant ag amanna socraithe .

An chéad cloig meicniúil faoi thiomáint ag an meáchain titim

Rinneadh sa 14ú haois . Tá cuid de na túir clog i

Bhí Iarthar na hEorpa a tógadh le linn na tréimhse seo in ann chiming ag am socraithe gach lá . An Florentine cáiliúil

scríbhneoir Dante Alighieri , i 1319 , cur síos sa chuid scríbhinní

ar cheann de na luaithe de na cloig meicniúil . an chuid is mó

Tá túr clog cáiliúil bunaidh buailte fós ina seasamh

b'fhéidir an ceann i gCearnóg Naomh Mharcais , Veinéis , a bhí

le chéile i 1493 .

Dáta cloig aláraim meicniúil Úsáideoir settable - cinnte ar ais go dtí 15ú haois na hEorpa ar a laghad . Tá na aláraim go luath

Bhí fáinne de poill sa dhiailiú clog cloig agus bhí leagtha

trí chur bioráin sa pholl is cuí . an t-aireagán

an earraigh a cheadaítear cloig a bheith níos lú . De réir

Bhí 1620 , cloig tí in úsáid agus roinnt raibh fiú

meicníochtaí aláraim .

Tá curtha in iúl go mícheart go Levi Hutchins , a

watchmaker ó Concord , New Hampshire , invented

an chéad clog aláraim d'fhonn a osclaíonn suas é féin in am do

a phost . Tá sé fíor gur i 1787 , bhfostú Hutchins oibríonn

de clog mór i comh-aireachta níos lú , a cuireadh isteach le pinion

nó fearas , agus d'fhan an teacht 04:00 . nuair ceithre

a chlog tháinig deireadh thart , bhí tripped an fearas , a

a shocrú le clog ag gluaiseacht . , Bhí gléas Hutchins ' a rinneadh , áfach

ach amháin le haghaidh féin , ghlaoigh ach amháin ag 04:00 agus a choimeád ag glaoch go dtí go

an earraigh ar siúl amach . Thairis sin , bhí a bhí aireagóirí eile

smaointe den chineál céanna roimh . An aireagóir na Fraince Antoine Redier

bhí an chéad paitinne clog aláraim adjustable meicniúil

i 1847 . An Seth Thomas Clog Cuideachta na Connecticut ,

Stáit Aontaithe Mheiriceá deonaíodh , ar phaitinn i 1876 le haghaidh cois leapa beag

clog aláraim . Sna 1870í déanacha , tháinig cloig den sórt sin tóir

agus thosaigh na cuideachtaí móra clog a dhéanamh orthu .

Ó ann ar , ar athraíodh a ionad rudaí go tapa . Ba é an t-aláram athsheoltóra

invented , a cheadaítear leictreachas mótair a lámha a bhogadh , agus

beeps , chirps , agus amhráin in ionad an fhuaim bells .

pinn luaidhe MHEICNIÚIL

Go dtí tús an 20ú haois , monaróirí

sealbhóirí luaidhe a tháirgtear seachas fíor meicniúil

pinn luaidhe . Tá sealbhóir luaidhe ach feadán a shealbhaíonn bata

luaidhe , gan aon bhealach a chur chun cinn nó a retract an luaidhe mar atá sé

Úsáidtear suas . Fuarthas go raibh ceann de na sealbhóirí luaidhe is luaithe

ar bord an wreckage an long chogaidh na Breataine HMS Pandora ,

a chuaigh síos i 1791 tar éis a shíneann thalamh ar an Mór

Mhórsceir Bhacainneach in aice an chósta na hAstráile . Seo sealbhóir luaidhe

a bhí roinnte ina dhá leath ar feadh thart ar thrí cheathrú dá

fad , ionas go bhféadfaí leath duine a aistriú chun áit nua

graifít ' luaidhe ' taobh istigh . Thomas Jones ar Whitechapel ,

Londain , bhí paitinnithe an cineál seo peann luaidhe i 1783 .

An chéad phaitinn do peann luaidhe athlánaithe le luaidhe pionsail -

Eisíodh meicníocht i 1822 sa Bhreatain le Sampson

Mordan agus John Hawkins . Ní raibh a n- aireagán fíor

peann luaidhe meicniúil , mar a bhí úsáideoirí chun píosaí aonfhoirmeach

de thoradh i gcuid pócaí a úsáid mar agus nuair is gá .

Lean an chuideachta Mordan chun pinn luaidhe mhonarú

agus rudaí raon leathan de airgid go dtí an Dara Cogadh Domhanda .

Bhí níos mó ná 160 paitinní a bhaineann le pinn luaidhe meicniúil

a eisíodh idir 1822 agus 1874 . Mar shampla , A.W. Faber

ó cruthaíodh an Ghearmáin samhail thart ar 1860 . Bhí an peann luaidhe ar an margadh i dtreo draftsmen ailtireachta agus bhí

log ionas go bhféadfaí é a fheistiú le luaidhe níos faide . Sa bhliain 1861 ,

Faber paitinnithe freisin an twist - Glasáil meicníocht clutch

do pinn luaidhe . Ba é an chéad earrach - luchtaithe peann luaidhe meicniúil

paitinnithe i 1877 agus meicníocht twist - beatha i 1895 .

Sa tSeapáin , a tugadh isteach Tokuji Hayakawa an riamh - Réidh

Peann luaidhe Sharp i 1915 , featuring seafta miotail durable

déanta as nicil , meicníocht sriú - bhunaithe , agus

luaidhe géar . An luath Or - Sharp thosaigh ag díol i móra

uimhreacha . Hayakawa féin chuaigh sé ar a fuair an

Bardas Sharp . Ainmnithe i ndiaidh a peann luaidhe , tá sé lá atá inniu ann

leictreonaic cuideachta ilnáisiúnta .

Timpeall an am céanna , Meiriceánach Charles R. Keeran

Ba fhorbairt peann luaidhe chineál céanna le luaidhe -tanaí

a bheadh a bheith ar an réamhtheachtaí de an chuid is mó de lá atá inniu

pinn luaidhe . A dhearadh , a bheidh ainmnithe aige an Eversharp , bhí

ergonomically fuaime , éasca a mhonarú , iontaofa , agus

durable . Bhí sé ratchet - bhunaithe , ach Hayakawa a bhí

sriú - bhunaithe . An Chuideachta Wahl Chicago cheannaigh amach

Keeran i 1917 agus thosaigh ag díol a chuid pinn luaidhe meicniúil

ag na milliúin . Monaróirí eile , mar shampla SHEAFFER ,

Parker , agus Waterman dhiaidh sin go luath . Inniu an díreacha

Is féidir le sliocht de na pinn luaidhe clasaiceach le fáil in aon

stáiseanóireacht oifige nó a stóráil - soláthair .

STAMPS POSTAS

Tá líon na ndaoine a bheith leagtha éileamh do choincheap na

stampa postais . Sa bhliain 1680 , William Dockwra agus a chomhpháirtí

Robert Murray bhunaigh an Penny Londain an Phoist ,

a sheachadadh litreacha agus beartán beag i Londain le haghaidh

pingin . A mheas go leor staraithe seo a bheith ar an domhan

seirbhíse poist nua-aimseartha den chéad uair. Murab ionann agus phost an lae inniu , áfach ,

Cuireadh postas íoctha ach amháin tar éis an litir a sheachadadh

agus glacadh leis .

Sa bhliain 1835 , an státseirbhíseach Austro - Ungáiris Lovrenc

Mhol Koširy an úsáid a bhaint as 'cáin poist greamaithe go saorga

stampaí ' ag baint úsáide papieroblate gepresste (sliseog páipéar brúite) .

Printéir na hAlban agus foilsitheoir , James Chalmers , chomh maith

a éileofar a bheith ar na bacáin an stampa postais greamaitheach

agus chuir togra chun na Breataine Phoist

Oifig i 1838 .

Mar sin féin , bhí stampaí postais mar atá a fhios againn orthu ar dtús

a tugadh isteach sa Ríocht Aontaithe i 1840 mar chuid de

leasuithe poist chun cinn ag an múinteoir , aireagóir , agus sóisialta

athchóiritheoir Sir Rowland Hill .

Sprioc níos mó Hill ná a aisiompú na caillteanais airgeadais seasta

Oifig an Phoist agus a chuid tionscadal ar tugadh an

Athchóiriú Oifig an Phoist Mhór . Ina luí sé an Pharlaimint a

a ghlacadh ar an Fourpenny Éide Post, a chuaigh isteach

bhfeidhm i 1839 . An chéad stampa postais réamhíoctha , an phingin

dubh cuireadh , ar díol Bealtaine 1840 . Dhá lá ina dhiaidh sin ar an

Tugadh isteach dhá phingin gorm . Tá an stampaí áireamh

ghreanadh ar an Banríona Victoria óga . Ach bhí dubh

ní rogha maith de dath stampa ó aon chealú

Bhí marcanna deacair a fheiceáil . Mar sin, ó 1841 ar aghaidh , na stampaí

Cuireadh i gcló i dath bríce - dearg . Tíortha eile go luath

ina dhiaidh sin lena n- stampaí féin . D'eisigh an Eilvéis an

Zürich 4 agus 6 rappen i 1843 . Eisigh Bhrasaíl Eye an Bull

stampa an bhliain chéanna , opting le haghaidh dearadh teibí ionad

de portráid de Impire Pedro II - ionas go phostmhairc

Ní bheadh ó dhealramh a íomhá . An chéad stampaí san India

Eisíodh i Deireadh Fómhair 1854 le ceithre luachanna : leath Anna ,

Anna amháin , dhá Annas (i glas) , agus ceithre Annas . an dara ceann

Ba é ceann de na domhan stampaí ar dtús bicoloured - i dearg agus

gorm . Gach ceithre leagan feiceáil próifíl óige na Banríona

Victoria agus bhí deartha agus clóbhuailte i Calcúta .

Tar éis tabhairt isteach an stampa postais , an

Tháinig méadú mór tagtha ar líon na n- litreacha sa Ríocht Aontaithe . De réir

1850 , bhí méadú ar líon na litreacha a seoladh ó 76

milliún go 350 milliún , agus ag fás go dtí an

deireadh an 20ú haois . Inniu, áfach , tá r - phoist

go suntasach laghdú ar an úsáid a bhaint as stampaí poist .

clóscríobháin

Tá líon na ndaoine a chuidigh le forbairt na

clóscríobháin tráchtála rathúil . Iodáilis Pellegrino Turri

chum an chéad clóscríobhán ag obair i 1808 ; na litreacha clóscríofa

ar a meaisín ann go fóill . Turri invented freisin páipéar carbóin a

dúch soláthar a dhéanamh dá mheaisín . Meaisíní luath go leor , lena n-áirítear

Turri ar , forbraíodh chun cur ar chumas an dall a scríobh .

Idir 1829 agus 1870 , go leor aireagóirí san Eoraip agus

Meiriceá paitinnithe chlóbhualadh nó clóscríobh meaisíní , ach ní

acu chuaigh isteach i táirgeadh tráchtála . Tá cuid de na

I measc na meaisíní aireagán Meiriceánach Charles Thurber chun

cabhrú leis an dall i 1843 , fhréamhshamhail Iodáilis Giuseppe Ravizza ar

clóscríobhán a dtugtar Cembalo scrivano o macchina da scrivere ar tasti ,

meaisín chun é a scríobh le heochracha i 1855 agus sagart Brasaíle

Clóscríobhán Francisco João de Azevedo i 1861 .

Sa bhliain 1865, Rev Rasmus Malling - Hansen na Danmhairge invented

an Hansen Scríbhneoireacht Ball , an chéad ó thaobh na tráchtála a dhíoltar

clóscríobhán . Chuaigh sé isteach i dtáirgeadh i 1870 . A sainiúil

Gné socrú de 52 eochracha ar práis mór

leathsféar . Bhí an meaisín rathúla san Eoraip agus

a úsáidtear in oifigí i Londain go dtí 1909.

An chéad clóscríobhán a bheith rathúil ó thaobh na tráchtála a bhí an

Remington Uimh 1 . Aireagóir Mheiriceá Christopher Sholes

ceapadh é le roinnt cúnamh ó Samuel SOULE agus Carlos

Glidden . Cuireadh thráchtálú an meaisín mar an Sholes

agus Glidden Cineál - Scríbhneoir, a bhí ar an tionscnamh an téarma

clóscríobhán . William K. Jenne scagtha breise dearadh Sholes '

agus thosaigh an Chuideachta Remington tháirgeadh a chéad

clóscríobhán i 1873 praghas ag $ 125.

Bhí bláthanna agus decals péinteáilte agus an Uimhir 1 Remington

d'fhéach sé níos mó cosúil le meaisín fuála . Ionchorprú sé gnéithe

cosúil le platen sorcóireach agus an chéad QWERTY ceithre - rámhaigh

méarchlár , nach foláir, de rath an meaisín , a bhí go luath

arna nglacadh ag monaróirí clóscríobhán eile . Ach an meaisín

D'fhéadfadh taispeáin ach litreacha cás uachtair . Nuálaíocht shuntasach

i stair na clóscríobháin bhí heochracha athrú agus glas athrú ,

a chuir ar chumas an dá cás uachtair agus cás íochtair aschur ó

an méarchlár céanna . Gné seo chabhraigh clóscríobhaí a shimpliú

oibriú agus laghdú costais déantúsaíochta , rud a laghdóidh an

praghas clóscríobhán . An chéad clóscríobhán le príomh- athrú a bhí

Uimh Remington 2 de 1878 .

Ní raibh clóscríobháin bheith coitianta in oifigí dtí tar éis an

lár - 1880í . Chuir sin ar chumas na mná a bheith ar an lucht oibre i móra

uimhreacha don chéad uair . Faoi 1909, 89 clóscríobhán ar leith

monaróirí ann sna Stáit Aontaithe ina n-aonar , agus ag 1910,

bhí bainte amach an clóscríobhán meicniúil dearadh caighdeánaithe .

typewriters ELECTRIC

Bhí invented an Stoc Ticker Uilíoch Thomas Alva

Edison i 1870 . Fuair an printéir leictreacha tóir comharthaí

ó líne teileagraif agus litreacha aschur go huathoibríoch agus

uimhreacha , praghsanna stoc den chuid is mó , ar téip pháipéar . Edison níos déanaí

tógtha clóscríobhán tiomáinte ag sraith de maighnéid , ach bhí sé

mór , costasach agus nár éirigh leo ó thaobh na tráchtála .

Forbraíodh an chéad clóscríobhán leictreacha praiticiúil ag

Meiriceánach George Blickensderfer agus sheol a

cuideachta , atá lonnaithe i Stamford , Connecticut , i 1902 . An Blick

Bhí roinnt buntáistí clóscríobhán leictreacha níos déanaí Leictreach ,

lena n-áirítear baint solas eochair , fiú clóscríobh , agus uathoibríoch

aisfhilleadh . Cuireadh faoi thiomáint ag an inneall ag Emerson

mótar leictreach . Ach fiú nach raibh sé seo ó thaobh na tráchtála

rathúil , b'fhéidir mar gheall ar clóscríofa sé go mall nó toisc

Ní raibh soláthar leictreachais caighdeánaithe go fóill .

James Smathers Kansas City , Missouri , chum an

an chéad clóscríobhán cumhacht -oibriú praiticiúil . Smathers

ag iarraidh a mhéadú luas clóscríobh agus tuirse a laghdú

agus bhí múnla oibre críochnaithe aige faoi 1912 . I

1923 , an Oirthuaisceart Electric Company Rochester , Nua

Eabhrac bhí faighte , paitinne Smathers ' . oirthuaisceart tuilleadh

dearadh forbartha Smathers ' mar sin d'fhéadfadh siad é ar an margadh a

monaróirí clóscríobhán . Sa bhliain 1925 , bhí sé in úsáid chun a sheoladh

na clóscríobháin Remington Leictreach . Agus i 1929 , Oirthuaisceart

tháinig an gnó clóscríobhán do féin , a tháirgeadh ar an

chéad Electromatic clóscríobhán .

Sa bhliain 1935, IBM , bhí a fuarthas an Electromatic

teicneolaíocht , athdhearadh agus sheol sé mar an Electric IBM

Clóscríobháin Samhail 01 . Chuaigh Smathers IBM , áit a bhfuair sé

Lean an obair ar clóscríobháin . Sa bhliain 1941 , sheol IBM

an Samhail Electromatic 04 , lenar tugadh isteach comhréireach

litir spásáil (kerning) i gcás litreacha , mar shampla 'i' agus ' w '

Tá leithid éagsúla . An nuálaíocht a rinneadh clóscríofa

cuma doiciméid níos mó cosúil le leathanaigh clóite . Sa bhliain 1961 , IBM

sheol an Selectric réabhlóideach , a dhíchur

' subha ' agus athruithe cló tapa cheadaítear priontáil le

beag , ' typeball ' sféarúil ionad barraí chineál traidisiúnta .

Selectric tosaigh ar an margadh clóscríobhán oifige ar feadh ar a laghad

fiche bliain . Leaganacha Níos déanaí leis freisin ar an gcumas a cheartú

botúin clóscríobh agus clómhéid athrú laistigh doiciméid .

Clóscríobháin Leictreonach thosaigh in áit na cinn leictreacha i

go luath sna 1980í . Tá na meaisíní , pioneered ag Xerox , deartháir ,

agus Canónach , bhí próiseálaithe focal go luath . Bhí siad leictreonach

cuimhní cinn , taispeántais , litriú agus gramadaí seiceálaithe , agus

thiomáineann diosca . Sa lá atá inniu , ríomhairí pearsanta agus léasair nó inkjet

printéirí tá ionad clóscríobháin leictreonach .

ceallafán

Is ceallafán ar , bileog trédhearcach tanaí déanta de

ceallalós athghinte , polaiméir nádúrtha de glúcóis

fhaightear i gcainníochtaí móra ó laíon adhmaid nó lint cadás .

Tá sé in-bhithmhillte 100 faoin gcéad agus a tréscaoilteacht íseal

ar an aer , olaí , ngréisc, baictéir agus uisce a dhéanann sé úsáideach

le haghaidh pacáistiú bia .

Ceallafán chun cinn ó shraith de iarrachtaí a rinneadh

i rith deireadh an 19ú haois a tháirgeadh ábhair shaorga

ag an athrú ceimiceach de cheallalós . Sa bhliain 1892, Béarla

poitigéirí Charles F. Croise agus Edward J. Bevan paitinnithe

vioscós , ar réiteach de ceallalóis cóireáilte le sóid loiscneach

agus déshuilfíd charbóin .

Bhí invented ceallafán ag poitigéir hEilvéise Jacques Edwin

Brandenberger . Nuair a bhí ina suí Brandenberger ag

bialann i 1900 nuair a doirte custaiméir fíona anuas ar an

scaraoid . Mar an waiter in ionad an éadach , chinn sé

a chumadh scannán soiléir solúbtha a chur i bhfeidhm le éadach , rud a chiallaíonn sé

uiscedhíonach . A chéad smaoineamh a bhí a spraeála sciath uiscedhíonach

isteach fabraic agus roghnaigh sé chun iarracht a vioscós . An dá bharr brataithe

Bhí fabraic i bhfad ró- righin , ach an scannán soiléir scartha go héasca

as an éadach taca agus thréig sé a chuid pleananna bunaidh

mar a bhí na féidearthachtaí seo ábhar nua soiléir .

Thóg sé deich mbliana d' Brandenberger go foirfe a chuid scannán , a

Bhí sé ainmnithe ceallafán , ó na focail ceallalóis agus

diaphane (' trédhearcach ') . A nuálaíocht príomhfheidhmeannach a bhí a chur

glycerin a laghdaíonn an t-ábhar . Faoi 1912, bhí déanta aige ar

meaisín a mhonarú an scannán agus paitinnithe sé .

Ceallafán chonaic díolacháin teoranta ar dtús ó bhí sé uiscedhíonach ,

ach ní taise cruthúnas - bhí sé uisce ach bhí tréscaoilteach

le gal uisce . Chiallaigh sé sin go raibh sé mí-oiriúnach a

táirgí pacáistithe a cheanglaítear phromhadh taise.

An chuideachta ceimiceacha Meiriceánach Du Pont fhostaigh poitigéir

William Hale Charch , a chaith trí bliana a fhorbairt

laicir nitrocellulose go nuair a chuirtear ar Cellophane

rinne sé taise cruthúnas . Tar éis a tugadh isteach é i 1927 ,

díolacháin an t-ábhar ar méadú faoi thrí idir 1928 agus 1930 . Faoi 1938 ,

Ceallafán cuntas 10 faoin gcéad de na díolacháin Du Pont ar

agus 25 faoin gcéad dá brabúis .

Tá scannán ceallalós a mhonaraítear ar bhonn leanúnach

ó lár na 1930í - agus tá sé fós in úsáid sa lá atá inniu . Chomh maith le bia

pacáistiú , tá sé feidhmeanna tionscail go leor , chomh maith ,

den sórt sin mar bhunús do téipeanna féinghreamaitheach , leath - thréscaoilteach

scannán a úsáidtear i gcineálacha áirithe cadhnraí , mar scagdhealú

feadánra , feadánra Visking , agus mar ghníomhaire scaoileadh sa

monarú fiberglass agus táirgí rubair .

scriosáin

Scriosáin tipiciúla nó rubair a dhéantar as rubar sintéiseach .

Erasers piocadh suas cáithníní graifít , dá bhrí sin a bhaint peann luaidhe

marcanna ó dhromchla pháipéar . Oibríonn sé seo mar gheall ar an

Tá móilíní i scriosáin ' stickier ' ná an páipéar , agus mar sin nuair a

Is é an scriosán rubbed isteach ar an marc peann luaidhe , an graphite bataí chun an scriosán , seachas an bpáipéar .

Roimh scriosáin rubair , baineadh úsáid as táibléad as rubar nó céir

marcanna luaidhe nó gualaigh scriosadh as páipéar . Gíotáin de garbh

Baineadh úsáid as cloch , mar shampla cloch ghainimh nó pumice a bhaint

earráidí beag ó pár nó papyrus doiciméid

scríobh i ndúch . Cuireadh arán Screamh -lú a úsáid freisin mar

scriosán ; i ndáiríre, Meiji - ré (1868 - 1912) mac léinn i Tóiceo

dúirt: ' Baineadh úsáid as scriosáin Arán i bhfeidhm scriosáin rubair

agus mar sin bheadh siad iad a thabhairt dúinn aon srian ar

méid . Mar sin, shíl muid rud ar bith a ghlacadh seo agus ag ithe

cuid daingean a shásamh ar a laghad beagán ar ár ocras ... '

Bhí an chuid is fearr de na Arán na substaintí go léir a úsáidtear chun deireadh a chur

peann luaidhe marcanna go dtí go mbeadh rubar nádúrtha ar fáil i

an Domhain Sean . Poitigéir Béarla agus diagaire Joseph

Ba Priestley an chéad chun cur síos a úsáid chun deireadh a chur

marcanna peann luaidhe . Sa bhliain 1770 , dúirt sé léitheoirí a chuid leabhar Familiar

Réamhrá leis an Teoiric agus Cleachtas Pheirspictíocht áit

a cheannach ar an chéad scriosáin déanta as rubar :

Ós rud é go raibh i gcló an Obair amach , chonaic mé substaint

excellently in oiriúint do cuspóir wiping ó pháipéar an

marcanna dubh - luaidhe - peann luaidhe . Caithfidh sé , dá bhrí sin , a bheith de uatha

úsáid a bhaint as dóibh siúd a chleachtadh líníocht . Tá sé a dhíoltar ag an tUasal NAIRNE ,

Matamaitice Ionstraim Déantóir - , os coinne an Ríoga - Malartán .

Díolann sé píosa cubical , de thart ar leath orlach , ar feadh trí scillinge ;

agus deir sé go mbeidh sé seo caite roinnt blianta .

Mar sin féin , is é rubar nádúrtha meatacha freisin . Sa bhliain 1839 ,

Aireagóir Meiriceánach Charles Goodyear aimsigh an

próiseas vulcanisation , ina sulfair a leanas le

rubair a 'leigheas ' air agus é a dhéanamh a durable é . scriosáin Rubber

bhí coitianta le teacht na vulcanisation .

Ar 30 Márta , 1858, Hymen Lipman de Philadelphia , Stáit Aontaithe Mheiriceá

Fuair an chéad phaitinn do ghabhann scriosán go dtí deireadh

de peann luaidhe . Bhí a peann luaidhe groove ag a tip inar

Cuireadh glued scriosán . Faoi na 1860idí go luath , an cáiliúil Faber -

Castell cuideachta , a bunaíodh sa Ghearmáin i 1761 agus fós

go maith ar a dtugtar lá atá inniu ann , bhí pinn luaidhe a dhéanamh le ceangailte

scriosáin . Go han-luath ina dhiaidh sin , cuideachtaí eile freisin

Thosaigh dhéanamh pinn luaidhe den chineál céanna , a tháinig ar a dtabharfar

mar pinn luaidhe pingin toisc go raibh siad saor. siad

luath tháinig an- tóir .

clips PÁIPÉAR

Tá an cheangail na páipéir a bheith doiciméadaithe go stairiúil

chomh luath leis an 13ú haois nuair a chuir daoine ribín

trí incisions comhthreomhar i cearn den leathanaigh . Níos déanaí

Cuireadh céirithe na ribíní a dhéanamh níos láidre agus

níos éasca chun Cealaigh agus Athdhéan . An modh seo de pháipéir clipping

le chéile ar aghaidh ar feadh na 600 bliain atá romhainn . Amanna go leor ,

bioráin díreach mais - tháirgtear , a tugadh isteach i 1835 , bhí

úsáid freisin le haghaidh páipéir cheangail , cé nach raibh siad deartha chun na críche sin .

An chéad phaitinn do fáiscín páipéir Bent sreang dócha go raibh

Bronnadh le Samuel B. Fay na Stát Aontaithe sa bhliain 1867 .

Bhí an gearrthóg i gceist ar dtús chun ticéid a ghabhann le

fabraic , ach Fay thuig go bhféadfaí é a úsáid freisin chun a cheangal

páipéir le chéile . Cé go feidhmiúil agus praiticiúil , Fay

dearadh chomh maith leis an 50 nó mar sin dearaí eile paitinnithe

roimh 1899 , ní Fógraíodh nó a dhíoltar go forleathan .

Tháinig fáiscíní páipéir Bent - sreang tóir ach amháin tar éis massproduced

sreang cruach , agus an t-innealra do lúbadh sé

go hiontaofa agus go saor tháinig fáil ag deireadh na

19ú haois . An cineál is coitianta de fáiscín páipéir sreang

fós in úsáid , an fáiscín páipéir Gem , bhí riamh paitinnithe ach

bhí á dtáirgeadh is dóichí sa Bhreatain ag an Gem

Déantúsaíochta Chuideachta ag an 1870í luatha . An 1883

alt faoi Gem Páipéar - Dúntóirí praises iad as a bheith

'níos fearr ná bioráin gnáth ' do ' ceangailteach le chéile páipéir

ar an ábhar céanna , carn de litreacha , nó leathanaigh

lámhscríbhinn ' . Fáiscíní páipéir fós ar a dtugtar uaireanta Gem

gearrthóga agus i Sualainnis , is é an focal le haghaidh aon fáiscín páipéir GEM .

Ó shin i leith , tá éagsúlachtaí countless ar an téama céanna

curtha paitinnithe ach tá an cineál Gem bunaidh a bhí le bheith

an chuid is mó praiticiúla , agus dá bhrí sin , is é fós le fada an chuid is mó

tóir . Cruthanna eile fós in úsáid go ham , mar shampla

Neamh - Skid ; na hAislinge , a úsáidtear le haghaidh ascart tiubh de pháipéar ; an

Owl , ainmníodh as a dhá ciorcail súl - chruthach ; agus an Foirfe

GEM nó Gotach , a bhfuil bail ar fónamh orthu ag leabharlannaithe mar gheall ar a

cosa níos faide a dhéanamh níos lú seans ann a Bend agus páipéar cuimilt .

A Ioruais, Johan Vaaler , aitheanta go mícheart

mar an aireagóir an fáiscín páipéir. I ndáiríre , Vaaler ar

riamh aireagán a monaraíodh nó inar margaíodh an , mar gheall ar

faoin am sin bhí an Gem níos fearr ar fáil cheana féin . Mar sin féin ,

i bhfad i ndiaidh bhás Vaaler , chruthaigh a countrymen a

Myth náisiúnta atá bunaithe ar an toimhde bréagach go bhfuil an

Bhí invented fáiscín páipéir ag Ioruais anaithnid

genius . Tar éis an Dara Cogadh Domhanda , bhí an gearrthóg páipéar fiú

siombail aontacht náisiúnta agus mórtas Iorua .

bioráin SÁBHÁILTEACHT

Is bioráin sábháilteachta athrú ar an bioráin gnáth lena n-áirítear

meicníocht earraigh simplí agus clasp . Tá an clasp dhá

críocha : chun foirm a lúb dúnta , rud a ghabhann leis an bioráin

níos sábháilte agus chomh maith a chlúdach a deireadh géar chun cosc a chur

pinpricks . Déantar iad a úsáid go coitianta a iamh le chéile

píosaí fabraice cosúil le éadaí damáiste agus diapers éadach

Tá (clúidíní) ach úsáidí eile a roinnt .

Cé go bhfuil bioráin úsáid mar dúntóirí ó réamhstairiúil

amanna , meicneoir Mheiriceá bisiúil agus aireagóir Walter

Hunt Nua- Eabhrac é a mheas mar an aireagóir an

bioráin sábháilteachta nua-aimseartha . Gá le réiteach $ 15 fiach le cara , lá amháin chinn Hunt rud éigin nua a chumadh

d'fhonn a íoc sé as. Bhí sé ag casadh píosa práis

sreang go raibh thart ar ocht n- orlach déag ar fad , nuair a chinn sé

dhéanamh corna i lár na sreinge ionas go mbeadh sé ar oscailt suas

nuair a scaoileadh . Dúirt sé ansin ar clasp agus pointe ar leith

ag an deireadh eile , rud a ligeann an pointe a bheith i iachall ar an

clasp ag an earraigh . An clasp choimeád freisin mhéara sábháilte ó

díobháil - mar sin, an t-ainm ' bioráin sábháilteachta ' . An t-aireagán ar fad

Ghlac Hunt ach trí uair an chloig a chruthú .

Sa bhliain 1849, fuair Hunt ar phaitinn don aireagán a , ach go luath

a dhíoltar na cearta chun WR Grace agus Cuideachta do amháin $ 400,

a bheadh beagán níos mó ná $ 10,000 lá atá inniu ann . Cad

Hunt theip ar a bhaint amach go raibh go sna blianta a leanúint, WR

Grace , atá ann fós mar mhonaróir speisialtacht

ceimiceáin agus ábhair a bheadh , a dhéanamh ar na milliúin dollar

i brabúis as a aireagán .

Teip Hunt airgead a dhéanamh as a aireagán a bhí

is gnách ar an fear. Bhí sé ina versatile agus cruthaitheach

aireagóir a chruthaigh raon astonishing úrscéal

feistí lena n-áirítear an innill fuála lockstitch , ar

ann roimh an raidhfil athrá Winchester , rathúil

spinner lín , sharpener scian (mhonaraítear fós agus

, an peann tobair , ar a dhéanamh ingne - úsáidtear go forleathan lá atá inniu ann)

meaisín , tábla bialann gaile , chonaic crann - leagan , a

loinge oighear - breaker , inkstands , clog streetcar , crua - coalburning sorn , cloch shaorga , sráide innealra scuabadh ,

an velocipede (rothar go luath) , sÚil bróg , ina ceilingwalking

gléas a úsáidtear i sorcais , agus an céachta oighear .

Ar an drochuair dó riamh , thuig sé an tráchtála

tábhacht a bhaineann a chuid aireagán féin agus níor chuir

iad paitinne nó a dhíoltar leis an paitinní le haghaidh suimeanna an- bheag de

airgead .

kaleidoscopes

Is kaleidoscope sorcóir le scátháin ina bhfuil

scaoilte , rudaí daite , mar shampla coirníní , púróga agus giotán

gloine . Mar a bhreathnaíonn duine i foirceann amháin , téann solas an ceann eile ,

Léiríonn uaire de na scátháin , agus cruthaíonn sé patrúin colorful .

Bhí coined an focal ' kaleidoscope ' i 1817 ag na hAlban

aireagóir Sir David Brewster . Tá sé a dhíorthaítear ó na

Καλός Gréigis Ársa (Kalos) a chiallaíonn ' álainn , áilleacht ' ,

εἶδος (Eidos) a chiallaíonn 'go bhfuil le feiceáil : foirm, cruth '

agus σκοπέω (skopeō) a chiallaíonn ' chun breathnú ar , chun scrúdú a dhéanamh ' ,

dá bhrí sin ' bhreathnadóir foirmeacha álainn . '

Bhí Sir David Brewster fisiceoir na hAlban , matamaiticeoir ,

réalteolaí , ceapadóir , scríbhneoir , agus an phríomhoide ollscoile .

Thosaigh sé ar an obair a ba chúis leis an kaleidoscope i 1815

cé turgnaimh ar polarú solas a sheoladh .

Cé go raibh sé ag féachaint ar roinnt rudaí ag deireadh dhá

scátháin , faoi deara go raibh Brewster patrúin agus dathanna athchruthaigh agus athchóiriú ina socruithe nua álainn .

Intrigued, shocraigh sé a chruthú gléas a ghiniúint

patrúin sórt sin . A dearadh tosaigh comhdhéanta de feadán le

péirí de scátháin ag foirceann amháin , péirí dioscaí tréshoilseach ag

na coirníní eile agus idir an dá . Brewster ainmnithe

agus paitinnithe a aireagán i 1817 agus roghnaigh cáil

déantóir ionstraim eolaíoch Philip Carpenter mar aon

monaróir . Bhí sé luath a bheith ina rath ollmhór

le 200,000 kaleidoscopes a dhíoltar i Londain agus i bPáras i

ach trí mhí .

Brewster thosaigh sé ag smaoineamh go mbeadh sé a dhéanamh ar a lán airgid

as a aireagán tóir . Mar sin féin , duine éigin go luath

thuig go locht ina iarratas ar phaitinn , GB 4136 ,

daoine eile a cheadaítear a chóipeáil go saor é . Réir dealraimh , fréamhshamhail

Bhí sé léirithe go radharceolaithe Londain agus a chóipeáil roimh

deonaíodh an phaitinn . Mar thoradh air sin , an kaleidoscope

thosaigh a thabhairt ar aird i líon mór , ach ní thug aon

sochair airgid go díreach leis Brewster .

I dtús báire beartaithe mar uirlis eolaíocht , bhí an kaleidoscope

ina dhiaidh sin a dhíoltar mar bréagán . Tháinig cáil mhór orthu i rith na

Aois Victeoiriach mar atreorú parlús . I rith na 1870í ,

ar cheann de na ba choitianta Stáit Aontaithe déantóir kaleidoscope

Bhí Charles Bush . Paitinnithe sé a kaleidoscope parlús

i 1873 . Na bréagáin , a rinneadh le bonn bhabhta

nó mar leagan ceithre - footed rarer , tá anois an- lorg

ag bailitheoirí .

Tá athbheochan spéise i kaleidoscopes thosaigh i ndeireadh

1970í , agus i 1980 , chabhraigh taispeántas spéis breosla i

iad mar fhoirm ealaíne . Inniu, tá na céadta mór

monaróirí kaleidoscope agus ealaíontóirí .

tonnchláir

Bhí invented tonnchláir i Havái ársa gcás ina mbainfidh siad

bhí ar a dtugtar níos fearr mar nalu he'e papa sa Haváís

teanga. Sa lá sin, bhí surfing ar affair go domhain spioradálta ,

as an ealaín na marcaíocht na dtonnta féin , a guí

do surf maith, agus deasghnátha a bhaineann leis an bhfoirgneamh de

Surfboard . Ní raibh Surfing i gceist ach amháin le haghaidh caitheamh aimsire , ach

freisin do taoisigh oiliúna agus coimhlintí a réiteach . bhí

dhá chineál de tonnchláir ársa : an Olo , 14-16 troigh ar fad

agus gan ach mharcaíochta ag na taoisigh nó noblemen , agus an Alaïa ,

10-12 troigh ar fad agus mharcaíochta ag na commoners . bhí an dá

ag baint úsáide as adhmad láidir ó chrainn áitiúla cosúil leis an Wili

Wili , d'fhéadfadh Ula agus Koa agus meáigh níos mó ná £ 100 .

Ní raibh aon eití agus ní raibh so-innealta . an duine is sine

Surfboard fós ann dates back to 1778 , agus is féidir a bheith

le fáil i Músaem an Easpaig Havái .

Faoi lár an 19ú haois , bhí go leor misinéirí an Iarthair

tháinig i Havái, agus bhí surfing beagnach fuair bás amach . bhí sé

ní go dtí an 20ú haois a Hawaiians chomh maith le

Lonnaitheoirí na hEorpa agus Mheiriceá thosaigh surfing arís . amháin

surfer go luath , George Freeth , experimented le níos giorra

dearadh bord trí ghearradh a bord Haváís 16 - chos i leath .

Tháinig Freeth an chéad surfer gairmiúil , a chur chun cinn

cuideachta bhóthair iarainn i Los Angeles , California .

Tharla an t-athrú mór eile i 1926 nuair a Tom

Blake a ceapadh an chéad Surfboard log . Rinneadh sé

de Redwood , bhí na céadta poill druileáilte ann , agus bhí

clúdaithe le shraith tanaí de adhmaid ar an dá thaobh . Blake

Bhí Surfboard log -tapa san uisce . bhí sé

an-rathúil agus i 1930 , bhí an chéad bord a bheith

mais - tháirgtear . Blake invented freisin an ' eite seasta ' i 1935 .

Bhí sé seo ina eite bheag ag gabháil leis an bun an bhoird

chun ligean surfers a ainliú fearr agus a thabhairt ar an mbord

cobhsaíocht níos mó .

Faoi 1932, bhí adhmad balsa lightweight ó Mheiriceá Theas

bheith ina ábhar tóir ar tonnchláir tógála . Tar éis

Fiberglass Dara Cogadh Domhanda , plaistigh agus Styrofoam bhí

ar fáil go forleathan . A fear darbh ainm Pete Peterson thóg an chéad

fiberglass bord i 1946 . Le linn na 1950í déanacha , Haváís

George Downing fhorbair an tóir Surfboard ' gunna ' ,

ainmnithe ar a chumas chun ' fiach síos ' dtonnta mór .

Shortboards , thart ar 6 troigh ar fad , bhí tóir orthu i rith

an déanach 1960í mar gheall ar a meáchan éadrom , luas agus

maneuverability . Bhí siad ar a dtugtar ar dtús mar ' póca

roicéid ' agus is minic a bhí dhá cheann nó trí cinn eití le haghaidh cobhsaíocht níos mó

san uisce . Sa lá atá inniu , shortboards saor ' popout ' , invented

ag na hAstráile Steadman Shane sna 1970í , tionchar an-mhór ar an

margadh iad, cé go bhfuil fad- boird traidisiúnta tóir fós .

JUKEBOXES

Boscaí ceol boinn airgid - oibriú agus a pianos imreoir a bhí an

jukebox - mhaith feistí ar dtús . Na feistí a úsáidtear páipéar

rollaí , dioscaí miotail , nó sorcóirí miotail a imirt ceoil

roghnú ar na hionstraimí iata laistigh díobh . I

Cuireadh na 1890í chuaigh siad ag meaisín a úsáidtear ceoil

taifeadtaí ionad na n-ionstraimí fisiceacha .

Ceann de na forerunners luath chun an jukebox nua-aimseartha a bhí

cruthaithe ag Louis Gloine agus William S. Arnold , a raibh

chur mona - oibrítear Edison phonograph sorcóir sa

Palais Royale Saloon i San Francisco i 1889 . Ba é seo an

chéad inneall ' Nicil - i - an - Sliotán ' . Bhí sé aon aimpliú agus

Bhí custaiméirí a bheith ag éisteacht le ceol ag baint úsáide as ceann amháin de cheithre éisteacht

feadáin , rud éigin cosúil le cluasáin fuaime . an meaisín

Bhí tóir agus thuill os cionn $ 1,000 laistigh de shé mhí .

Dearaí jukebox Luath unlocked an mheicníocht ar

a fháil le caith súil . An éisteoir a bhí ansin dul crank

a imirt ar an ceol . Bhí an chuid is mó meaisíní in ann

shealbhú ach amháin a roghnú ceoil . Is minic go leor acu

bhí ag gabháil leis feadáin éisteacht agus a chur le chéile i

parlors phonograph . Cheadaigh sé seo do chustaiméirí a roghnú

idir taifid il , a bhí ag gach ceann dá inneall féin .

Sa bhliain 1918, paitinnithe Hobart C. Niblack gaireas a athrú go huathoibríoch taifid . Mar thoradh air seo ar cheann de na chéad

jukeboxes le ceol selectable , a tugadh isteach i 1927 ag

an Uathoibrithe Ceoil Ionstraim Cuideachta .

Sa bhliain 1928 , Justus P. Seeburg , a bhí ag déantúsaíochta imreoir

pianos , in éineacht le callaire le mona-oibriú

imreoir taifead agus thug an éisteoir rogha de ocht

taifid . An meaisín Audiophone bhí ocht ar leith

turntables suite ar rothlach roth gléas - mhaith Ferris .

D'fhéadfadh a leithéid de jukeboxes aimplithe iomaíocht le mór

ceolfhoireann do díreach an costas a bhaineann le nicil (5 cent) .

Tháinig an téarma jukebox úsáid sna Stáit Aontaithe timpeall 1940

agus bhí a dhíorthaítear ó an frása juke Mheiriceá coitianta

comhpháirteach , rud a chiallaíonn barra disreputable nó club oíche .

Bhí Jukeboxes mó tóir ó na 1940í tríd an

lár na 1960idí . Faoi lár na 1940í , trí cheathrú de

na taifid arna dtáirgeadh i Meiriceá chuaigh isteach i jukeboxes .

D'imir siad dtús ceol taifeadta ar sorcóirí céir ,

a bhí in ionad i ndiaidh a trí seileaic 78 - RPM

taifid , taifid 45 - RPM vinil , dlúthdhioscaí , agus MP3s . Sa lá atá inniu

fanacht jukeboxes tóir i barraí , ach tar éis titim amach

bhfabhar leis an méid a bhí uair is brabúsaí a n-

suíomhanna - bialanna , diners , beairicí míleata, físeán

stuaraí , agus laundromats .

liathróidí leadóige

Tagann an leadóige focal as an tenez bhfocal Fraincise ,

teney pronounced , rud a chiallaigh ' dul i mbun poist ' nó

tús a chur go simplí . Thosaigh an cluiche níos mó ná míle bliain

ó shin . Bhí sé a bhí ag manaigh agus ar a dtugtar jeu de paume

nó bhos . Ba é an raicéad ... guessed tú é ...

an pailme ceann amháin ar láimh , agus an liathróid a bhí déanta as adhmad .

Níos déanaí imreoirí a úsáidtear miotóga leathair agus liathróid leathair , fuaite

suas le sinews agus stuffed le rud ar bith a tháinig go dtí

láimhe, mar shampla tuí , olann , agus gruaig - ainmhithe nó an duine!

Ní raibh na liathróidí Preab luath , ag déanamh an cluiche iarbhír

an- difriúil ó anois .

Tháinig an spórt a fhorbairt tóir noblemen

agus a bhí mar an cluiche lách de leadóige fíor . Sa bhliain 1480 ,

Louis XI na Fraince forbade líonadh liathróidí leadóige le

cailc , gaineamh , min sáibh , nó cré agus dúirt go raibh siad

a dhéanamh de leathar maith , stuffed le olann . Eile luath

Rinneadh liathróidí leadóige a rinne aos ceirde na hAlban ó woolwrapped

boilg caorach nó gabhar agus ceangailte le téad .

Roinnt liathróidí leadóige Béarla ag dul as an 16ú haois

Bhí a mhonaraítear ó mheascán de putty agus

ghruaig dhaonna . Leaganacha eile an 16ú haois déanta as ainmhithe fionnaidh , téad déanta as inní agus matáin ainmhithe , agus

ghiúise a shuífear i caisleáin na hAlban . Sa 18ú haois, bhí créachta stiallacha olann docht timpeall ar

croí déanta ag rolladh roinnt stiallacha i liathróid beag .

Cuireadh Teaghrán ceangailte ansin i treoracha go leor thar an liathróid agus

a chlúdaíonn éadach bán fuaite timpeall air .

Sna 1870í luatha , an cluiche modhnaithe leadóige faiche

tháinig chun cinn sa Bhreatain trí iarrachtaí ceannródaíoch Mór

Walter CLOPTON Wingfield agus Harry Gem . Wingfield

Leagann leadóige ar an margadh , lena n-áirítear liathróid rubair soladach

a allmhairítear ón nGearmáin . Bhí siad éadrom agus liath nó

dearg i dath gan aon clúdach . A n- ag caitheamh agus ag imirt

Cuireadh feabhas ar airíonna ag clúdach orthu le flannel

fuaite ar fud an croí rubair . Faoi 1882 , bhí Wingfield

fógraíocht a liathróidí leadóige mar fillte i éadach Stout

a rinneadh i Melton Mowbray , Sasana .

Bhí an liathróid tuilleadh forbartha a dhéanamh ar an log croí ,

agus , le linn na 1920í déanacha , brú sé le gás . seo

athrú ba chúis le dul chun cinn mór i leadóige ó nua

liathróidí scinneadh níos airde agus níos fearr , rud a ligeann shots níos tapúla .

Ó 1972 , tá liathróidí leadóige oifigiúil daite buí

infheictheacht ar an teilifís a fheabhsú . Amháin Wimbledon

resisted aistriú seo . Lean siad a bhaint as an traidisiúnta

liathróidí bán go dtí 1986 .

BALLS PING PONG -

An cluiche leadóige tábla nó Ping Pong - tháinig ó

Bhreatain le linn na 1880í nuair a bhí sé a bhí mar afterdinner

cluiche parlús . Tá sé ráite go bhfuil na Breataine

oifigigh míleata san India nó an Afraic Theas a fhorbairt den chéad uair

an cluiche . Cuireadh sheas le chéile de leabhair suas ar feadh an t-ionad

an tábla mar glan , sheirbheáil dhá leabhar níos mó mar raicéid

agus bhí buailte ag gailf - liathróid ó foirceann amháin de na tábla leis an

eile agus ar ais . De rogha air sin , rinneadh an paddles déanta as

claibíní bosca todóg agus na liathróidí as coirc Champagne . Luath

raicéid is minic a píosaí phár sínte ar

fráma , agus fuaimeanna a ghintear gur thug an cluiche a

chéad leasainmneacha de wiff - waff agus Ping Pong - . Ba é an dara ceann

a úsáidtear go forleathan roimh monaróir cluiche na Breataine J. Jaques

& Son Ltd trademarked sé i 1901 . Tháinig Ping Pong ansin -

a bheith teoranta go dtí an cluiche a bhí ag baint úsáide as an costasach in áit

Trealamh Jaques cé monaróirí eile ar a dtugtar

sé leadóg tábla. Tháinig staid den chineál céanna i Stáit Aontaithe

Ballstáit ina dhíoltar Jaques na cearta chun cuideachta bréagán

Bráithre Parker .

Na liathróidí a úsáidtear i luaithe cluichí leadóg boird a bhí

de ghnáth déanta as sreangán , téadra , rubair , nó corcaigh . Mar sin féin ,

liathróidí rubair scinneadh ró- wildly agus liathróid corc bounced

ró- lag . Nuálaíocht mhór sa chluiche a bhí a rinne James Gibb , enthusiast leadóg tábla na Breataine . sé

liathróidí nuachta aimsigh déanta as ceallalóid , luath

plaisteach , ar thuras go dtí na Stáit Aontaithe i 1901 , agus fuair siad go a bheith oiriúnach le haghaidh an cluiche . Ina dhiaidh sin E.C. Goode

a bhfuil, i 1901 , chum an leagan nua-aimseartha an racket

trí shocrú bileog rubar pimpled leis an blade adhmaid .

Sna 1950í , raicéid a Chuir spúinse bunúsach

athraigh ciseal an cluiche mór, a thabhairt isteach níos mó

casadh agus luas . An úsáid a bhaint as gliú luas méadaithe an casadh

agus luas níos faide . Sa bhliain 2000 , an Tábla Idirnáisiúnta

Cónaidhm Leadóige thionscnamh roinnt athruithe sna rialacha ,

lena n-áirítear méadú ar an trastomhas de na liathróidí ó 38

mm go 40 mm . T-athrú seo méadú a n- friotaíocht an aeir

agus go héifeachtach moill síos ar an gcluiche , ag déanamh sé níos éasca

a leanúint ar an teilifís . Mar sin féin , chruthaigh an t-aistriú éigin

chonspóid . D'áitigh an Fhoireann Náisiúnta na Síne go bhfuil sé

Bhí sé i gceist ach a thabhairt imreoirí neamh - Síneach níos fearr

seans a bhuaigh ! Sa lá atá inniu , oifigiúla 40 mm liathróidí ping pong -

meáigh 2.7 gms , déanta de ard - bouncing aer - líonadh

plaisteach agus daite bán nó oráiste . I blianta beaga anuas ,

leadóg tábla mór - liathróid , a bhfuil fiú níos moille toisc go mbaineann sé

liathróid trastomhas 44 mm , tar éis éirí chomh coitianta .

pinwheels

Is pinwheel bréagán leanbh simplí a rinneadh ar roth na

páipéar nó plaisteach gcuacha, ceangailte le bata ag a acastóra ag

bioráin . Tá sé réamhtheachtaí do whirligigs níos casta ,

popularly dá ngairtear whirlygigs , weathervanes grinn ,

whirlijigs , agus go leor ainmneacha níos cothroime suimiúla .

Níl an chéad aireagóir an whirligig nó pinwheel

ar eolas, ach tá sé stair fhada a théann trasna na cruinne .

Weathervanes , a bhaineann go dlúth le pinwheels , bhí

úsáid den chéad uair idir 1800 agus 1600 RC ag feirmeoirí agus mairnéalach

i Sumeria . Tá sé Creidtear go bhfuil an chéad bréagán whirligig a dtugtar

- An féileacán Dragon , lián twirling déanta as bambú

agus sheol a rolladh ar bata - a bhí invented sa tSín

400 RC . Le linn an 9ú haois , Iranians an Sassanid

Cuireadh Impireacht ag baint úsáide as muilte gaoithe cothrománach le haghaidh uisciúcháin ,

dhéanamh whirligigs gaoithe - tiomáinte féidir sin go teicniúil . Faraor ,

ní dhearnadh aon guairneáil an tréimhse seo mhair ar leithligh óna

Éigipteach doll teaghrán - ghluaiste ó 100 RC .

Chomh maith leis na muilte gaoithe gráin - meilt , whirligigs agus

pinwheels bainte amach Eoraip sna 1200s . An chéad a dtugtar

Tá ionadaíocht amhairc de whirligig Eorpach atá

i meánaoiseach leanaí thaispeánann Taipéis ag imirt le

whirligig . Whirligigs i an cruth ar an chros tháinig

faiseanta i saothar péintéireachta de na 15ú haois agus an 16ú , mar shampla an phéintéireacht Hieronymus Bosch , Críost Linbh le

Frame Siúil , circa 1480-1500 . Shakespeare úsáid

' cad a théann thart Tagann ' whirligig ' mar meafar don ,

thart ' (Twelfth Night , An tAcht V - I) :

Feste : Agus dá bhrí sin tugann an t whirligig ama ina revenges .

An chéad fhianaise a taifeadadh de pinwheels sa Aontaithe

Stáit é a bhaineann le George Washington a , tá sé sin , rinneadh

Baile ' whilagigs ' as an Cogadh Réabhlóideach . an 1819

foilsiú ag Washington Irving An Finscéal de Sleepy de

Hollow luaitear an whirligig mar : ' ghaiscíoch beag adhmaid

a , armtha le sword i ngach lámh , bhí an chuid is mó valiantly

troid an ghaoth ar an pinnacle an scioból . ' Faoi 1929 ,

Cuireadh daoine aonair a dhéanamh ina gcónaí ag whirligigs crafting mar

ornáidí ghairdín nó siamsaíochta do pháistí .

Pinwheels lá atá inniu de mhéideanna agus cruthanna éagsúla le fáil

ar fud na tíre , a dhíoltar ag bréagáin - díoltóirí agus ag

siopaí bréagán , mar bréagáin saor do leanaí . Ealaíontóirí

TSín a thógáil pinwheels na dathanna il chun na Síne

Bliain Nua . Daoine a chur teachtaireachtaí pearsanta ar an taobh amuigh

lanna de na pinwheels do na gaoithe a ghabháil agus a scaipeadh

leis na cruinne mar is mian don bhliain dar gcionn.

Scrabble

Tosaíonn an scéal Scrabble le linn an Spealadh Mór ,

thart ar 1931 , nuair a Alfred Mosher Butts , ar obair as - de -

ailtire ó Poughkeepsie , Nua- Eabhrac , chinn

chumadh cluiche boird . Anailís na cluichí boird eile

ar an margadh , fuair sé gur thit siad i dtrí chatagóir :

cluichí roinnt , mar shampla dísle agus biongó , cluichí bogadh den sórt sin

mar fichille agus seiceálaithe , agus focal cluichí ar nós anagrams .

Ag iarraidh a chruthú cluiche a bheadh go n-úsáideann an dá seans agus scil , Butts gnéithe comhcheangailte anagrams agus

bhfreagra crosfhocal . An Chéad a dtugtar Lexiko , bhí a cluiche ina dhiaidh sin

ar a dtugtar Focail criss - Cross . Chun cinneadh a dhéanamh ar dháileadh litir,

Butts staidéar ar an leathanach tosaigh nuachtáin tóir den sórt sin

mar an New York Times , an Nua- Eabhrac Herald Tribune , agus an

Dé Sathairn Post Tráthnóna , agus rinne ríomhaireachtaí saothrach

litir minicíocht . Anailís chripteagrafach Butts ' an Bhéarla

agus a dáileadh bunaidh de tíleanna fhan bailí

ó shin i leith .

Faoi 1938 , bhí an fhorbairt bhunúsach de gcrích Butts

Focail criss - Cross . Chun níos mó ná deich mbliana , tweaked sé

agus tinkered leis na rialacha agus ag iarraidh go leanúnach agus -

ina éagmais - a mhealladh ar urraíocht corparáideach . Fiú na Stáit Aontaithe

Dhiúltaigh Oifig na bPaitinní a iarratas ní uair amháin ach faoi dhó .

Ar deireadh , teagmháil Butts James Brunot , cluiche - grámhara fiontraí ó Bhaile Nua , Connecticut , a

Ba é ceann de na úinéirí roinnt de cheann de na bunaidh criss -

Tras Leagann Focail . Brunot shíl gur chóir an cluiche

chur ar an margadh . Cheannaigh sé na cearta a mhonarú an

cluiche mhalairt dheonú Butts ríchíos ar gach

aonad a dhíoltar . Cé fhág sé an chuid is mó de na cluiche (lena n-áirítear

dáileadh na litreacha) gan athrú , Brunot beagán

chuirtear ord nua na cearnóga ' préimh ' an bhoird agus

simpliú na rialacha . Tháinig sé suas chomh maith leis an íocónach

scéim - pastel dath bándearg , gorm leanbh , indeagó , agus geal

dearg - agus cheap an bónas 50 - phointe do úsáid a bhaint as na seacht tíleanna a dhéanamh focal .

Níos tábhachtaí fós , tháinig Brunot suas leis an ainm Scrabble

agus trademarked an Scrabble Branda Crosfhocal Cluiche

i 1948 . fuarthas sé mall ach go seasta tóir i measc

dornán comparáideach ar thomhaltóirí . Ansin i 1952 , mar

Tá finscéal sé , Jack Strauss , a bhí an t -uachtarán na

Siopa ilranna Macy , fuair sé amach an cluiche agus iad ar

laethanta saoire . Ar filleadh ar an obair , bhí ionadh air

aimsiú nach raibh a stór a iompar agus a chur ar ordú mór .

Laistigh de bhliain , bhí gach duine a bhfuil ceann amháin , go dtí an pointe go

Cluichí Scrabble á rationed i siopaí ar fud na

Sa lá atá inniu US Scrabble anois ar cheann de na ba choitianta

cluichí boird ar fud an domhain .

monaplacht

Is féidir leis an stair na Monaplachta a rianadh siar go dtí an luath-

20ú haois . Bhí an dearadh is luaithe atá ar eolas ag

Meiriceánach ainmnithe Elizabeth MAGIE . Sa bhliain 1904 , paitinnithe sí

Cluiche an Tiarna Talún le cuspóir - oideachais

chun a thaispeáint go saibhrithe cíosanna úinéirí maoine agus

tionóntaí bochtaithe . MAGIE chuir sí faoi bhráid aireagán

chun cluiche cuideachta Parker Bráithre timpeall 1910 , ach tá siad

dhiúltaigh a fhoilsiú .

Tháinig leagan giorraithe den chluiche MAGIE ar coitianta

le linn na 1910idí mar Ceant Monaplacht . Scaipeadh é le focal

de bhéal agus bhí imir i leaganacha éagsúla homemade

thar na blianta . MAGIE í féin paitinnithe leagan athbhreithnithe

go n-áirítear ainmneacha sráide i 1924 . Thosaigh Daniel Layman

díol leagan ar a dtugtar an cluiche suimiúil Airgeadais ,

ina dhiaidh sin Airgeadas simplí , i 1932 . Ruth Hoskins d'fhoghlaim an

cluiche ó Layman agus forbraíodh bord nua le

Ainmneacha sráide Atlantic City . Bhí sé seo bord an ceann a mhúintear

Charles E. Todd , bainisteoir óstán i Germantown ,

Pennsylvania . Todd i ndiaidh a mhúintear Esther Darrow , bean chéile

de salesman téitheoir intíre ó Philadelphia ainmnithe

Charles Darrow .

Tar éis foghlaim an cluiche , thosaigh Darrow a dháileadh sé é féin mar Monaplacht . Chuir sé é chuig Bráithre Parker i 1934 .

Dhiúltaigh siad é mar a bhfuil ' caoga is dhá dearadh bunúsach

earráidí ' , agus a bheith ' ró-chasta , ró-teicniúil , [agus é]

Ghlac ró-fhada a imirt . ' Faoi 1935 , áfach , chuala an chuideachta

faoi díolacháin den scoth monopoly agus cheannaigh na cearta ó

Darrow . Níos déanaí an bhliain sin tháinig siad ar an eolas go Darrow

gur chóipeáil an cluiche ó chara . Cheannaigh siad ansin amach

MAGIE ar 1924 paitinne agus Cóipchearta tráchtála eile

leagan den chluiche , mar Airgeadas , Boilsciú , Big Gnó ,

Airgead Éasca , agus Fortune chun cosc a chur ar dhúshláin dlí amach anseo .

Cuireadh Monaplacht margadh den chéad uair ar scála leathan ag Parker

Bráithre i 1935 . Athraigh siad cuid de na rialacha , ar nós

mar chur ' cluiche gearr ' agus rialacha ' teorainn ama ' , agus tháirgeadh 20,000 cóip den chluiche laistigh de mhí . Tá sé

tháinig go tapa ar an cluiche boird is coitianta i Meiriceá

agus ansin ar fud an domhain . Tá beagnach 200 milliún cluichí Monaplacht

a dhíol go dtí seo .

An raibh a fhios agat ?

Le linn an Dara Cogadh Domhanda , a cruthaíodh an tSeirbhís Rúnda na Breataine

eagrán speisialta de Monaplacht do phríosúnaigh chogaidh i seilbh

ag na Naitsithe . Hidden taobh istigh de na cluichí a bhí léarscáileanna ,

compáis , fíor-airgead , agus rudaí eile úsáideach éalú .

Bhí na cluichí speisialta a dháileadh ar na príosúnaigh ag

grúpaí carthanas falsa .

Frisbees

Cuireadh tús leis an FRISBIE bácáil Cuideachta i Bridgeport ,

Connecticut ag fear gnó Meiriceánach William Russell

FRISBIE . Dhíol sé mionra i pannaí stáin éadrom le FRISBIE stampáilte

i gcás faoisimh ar bun . Mic léinn an choláiste ocrach sa Nua

Sasana fuair sé amach sa deireadh (b'fhéidir thart ar 1940) go

D'fhéadfadh an folamh stáin pie nó claibíní fianán - stáin a tossed agus

ghabhtar , ag soláthar endless uair an chloig de spraoi ' FRISBIE - ing .

Idir an dá linn , le cigire foirgneamh Los Angeles ainmnithe

Bhí aimsigh Walter Frederick Morrison margadh do

an diosca ag eitilt nua-aimseartha - lá i 1938 nuair a bhí sé agus sa todhchaí

Tairgeadh bhean Lucile 25 cent le haghaidh pan císte go bhfuil siad bhí tossing anonn 's anall chuig gach ceann eile ar an trá i

Santa Monica , California . ' Go bhfuair na rothaí ag casadh ,

toisc go bhféadfadh leat a cheannach uile císte ar feadh 5 cent , agus má

Bhí daoine ar an trá sásta a íoc ceathrú chun é,

go maith , bhí gnó , ' a dúirt Morrison i 2007 .

Tar éis an Dara Cogadh Domhanda , mhínigh Morrison dearadh le haghaidh

aerodynamically - feabhsaithe diosca ag eitilt go dtugtar sé an

Whirlo - Way . Sa bhliain 1948 , Morrison agus a chomhpháirtí Warren

Franscioni invented leagan plaisteach a d'fhéadfadh a eitilt tuilleadh

le cruinneas i bhfad níos fearr agus ainmníodh é an Flyin - Saucer .

Tar éis mionchoigeartuithe dearadh breise i 1955 , thosaigh Morrison a tháirgeadh diosca nua , a bheidh ainmnithe aige an platter Plútón

chun airgead tirim in ar an éileamh atá ag fás de UFOs leis an

Meiriceánach poiblí . Tá an platter Plútón tar éis éirí an bunúsach

fhréamhshamhail dearadh le haghaidh gach Frisbees .

Richard Knerr agus Arthur K. ' Spud " Melin bhí an

úinéirí de chuid cuideachta bréagán a dtugtar ' wham - O ' , a bhfuil siad

thosaigh i ngaráiste i San Gabriel , California , i 1948 . siad

luí Morrison iad na cearta a dhíol le a dhearadh

agus thosaigh a tháirgeadh níos mó Plútón platters i 1957 .

Thosaigh Knerr freisin cuardach do ainm branda catchy nua

chun cabhrú le díolacháin a mhéadú . Chuala sé faoi úsáid bunaidh

na téarmaí ' FRISBIE ' agus ' FRISBIE - áirítear ' ag mic léinn an choláiste

i Sasana Nua agus a fuarthas ar iasacht ón dá focail a

chruthú ar an Frisbee Trádmharc cláraithe .

Bhí Edward E. ' seasta Ed Headrick duine eile eochair

taobh thiar de rath Frisbees . Bhí sé Meiriceánach

aireagóir a d'oibrigh le haghaidh wham - O . Headrick athdhearadh

an platter Plútón , a chruthú diosca níos controllable go

D'fhéadfaí a thrown go cruinn . Díolacháin skyrocketed agus an

Tháinig dearadh nua ar an bunús an chuid is mó Frisbees nua-aimseartha .

Headrick pioneered níos déanaí Freestyle Frisbee agus Frisbee

Gailf. Sa bhliain 1967 , daltaí scoile ard i Choill na Mailpe , Nua

Jersey chum an spórt de Ultimate Frisbee . Sa lá atá inniu , tá sé

bhí ar a laghad 42 tír .

BINGO

Stair na Bingo agus cluichí den chineál céanna , mar shampla Housie ,

Is féidir Tombola , agus keno a rianadh siar go dtí 1530 , le staterun

Crannchur Iodáilis ar a dtugtar Lo Giuoco del Lotto d'Italia ,

a bhí fós gach Satharn san Iodáil . ó Iodáil

Tugadh isteach an cluiche go dtí an Fhrainc sna 1770s déanach ,

áit a raibh sé ar a dtugtar Le Lotto agus d'imir i measc na

saibhir . An cluiche seo biongó crannchuir - cineál luaithe a tháinig chun

craze ar fud na hEorpa . Na Gearmánaigh bhí chomh maith le

leagan an chluiche sna 1850í , ach bhain siad úsáid é mar

áiseanna foghlama chun cabhrú le mic léinn a fhoghlaim litriú , ainmhithe

ainmneacha , agus táblaí iolrú .

Nuair a shroich an cluiche Meiriceá Thuaidh sa 20ú go luath

haois , bhí sé ar eolas mar Beano . Bhí sé ina tír cóir

cluiche i gcás ina mbeadh déileálaí a roghnú dioscaí uimhrithe ó

Bheadh bosca todóg agus imreoirí mharcáil a gcuid cártaí le pónairí .

Yelled siad Beano má bhuaigh siad . Hugh J. Ward caighdeánaithe

an cluiche nua-aimseartha ag carnivals ar fud Pittsburgh ,

Pennsylvania sna 1920í luatha .

Tráthnóna Nollaig amháin i 1929 , Nua-Eabhrac salesman bréagán

ainmnithe Edwin S. Lowe tháinig ar carnival tír

in aice Jacksonville , Florida . Bhí Gach na bothanna carnabhail

dúnta seachas ceann amháin , bhí pacáilte a dhéanamh le daoine . An gníomh dírithe ar an tábla chrú - chruthach clúdaithe le

bileoga cairtchláir uimhrithe , stampaí rubair uimhriú ,

agus pónairí triomaithe . Ba é an cluiche á imirt ag athrú

Lotto ar a dtugtar Beano , ag baint úsáide as rialacha Choimircí . Lowe iarracht

imirt Beano an oíche sin , ach , deir sé , ' ní raibh mé in ann a fháil suíochán

... Bhí na himreoirí addicted praiticiúil chun an cluiche . '

Ag filleadh abhaile go Nua -Eabhrac , thosaigh Lowe sheoladh

cluichí Beano cosúil leis an gceann a bhí chonaic sé . a

cairde grá dóibh . Go gairid bhí siad ag imirt Beano le

an teannas céanna agus excitement mar a bhí feicthe aige ag an

carnabhail. Le linn seisiún amháin , ar cheann de na buaiteoirí léim

suas , tháinig teanga - ceangailte , agus in ionad scairteadh Beano

stuttered B - B - B - BINGO ! Lowe dúirt níos déanaí go raibh sé seo an

nóiméad nuair a chinn sé ar an margadh ar an cluiche mar Bingo .

Bhí Bingo rath láithreach agus a chur cuideachta Lowe

squarely ar a chosa . Tá an cluiche Bingo is mó i stair

Bhí imir sna 1930í ag Nua- Eabhrac Armory TEANECK -

60,000 imreoirí , le 10,000 eile á iompú ar shiúl ag

an doras , agus 10 automobiles a tugadh ar shiúl mar dhuaiseanna . De réir an

1940í , bhí cluichí Bingo á sheinm ar fud na Stáit Aontaithe

Sa lá atá inniu , níos mó ná $ 90,000,000 a chaitear ar Bingo gach seachtain

i Meiriceá Thuaidh amháin .

kites

Rinneadh Kites fhorbair an chéad thart ar 2,800 bliain ó shin

sa tSín . Féadfaidh an -an chéad kite a bheith cruthaithe ag

Mo Di , fealsamh cáiliúil a deirtear a bheith déanta

ar eitleog iolar - chruthach le adhmaid . Oileánaigh Farraige Theas

tá úsáid freisin faoileoirí le haghaidh iascaireachta ó am an- luath .

Baineadh úsáid as kites Luath chun críoch míleata chomh maith . Chun

Mar shampla , thart ar 200 RC flew Sínis Ginearálta Han Hsin

kite thar na ballaí de chaisleán cosanta go mór agus a úsáid

chéimseata chun a chinneadh cé chomh fada agus a bheadh a chuid arm a

tollán a bhaint anuas na cosaintí .

Kite eitilt sa deireadh scaipeadh ón tSín go dtí an Chóiré agus

An India . Tagann an fhianaise is luaithe de kite eitilte Indiach

ó phictiúir Mughal ré miniature . I Téalainn , gach

Bheadh Monarch Tá kite atá deartha le haghaidh féin .

Tá go leor teoiricí maidir leis an gcaoi a tugadh isteach an kite

i sochaí na hEorpa . Is féidir Marco Polo tugtha isteach

sé i ndeireadh an 13ú haois . De rogha air sin , mairnéalach ó

Féadfaidh an tSeapáin agus an Mhalaeisia déanta chomh maith sin sa 16ú agus an 17ú haois . Bhí Kites déanach chun teacht san Eoraip ach

ag an 18ú agus an 19ú a bhí siad á n-úsáid mar

feithiclí le haghaidh taighde eolaíoch . Sa bhliain 1749 , eolaí hAlban

Alexander Wilson agus a úsáid mac léinn an traein kites a thomhas go comhuaineach teocht an aeir ag leibhéil éagsúla

os cionn na talún . Sa bhliain 1750 , d'fhoilsigh Benjamin Franklin

Is togra a chruthú go tintreach leictreachas ag eitilt

eitleoige .

Sa bhliain 1822 , schoolmaster Béarla agus aireagóir George

Pocock úsáid as péire de faoileoirí ar líne amháin 1,500 go dtí 1,800

troigh ar fad a tharraingt ar iompar ag iompar roinnt paisinéirí ag

luasanna de suas le 20 míle san uair . Mar gheall ar cánacha bóthair ag

Bhí an t-am atá bunaithe ar líon na n- capaill a iompar

a úsáidtear , a bhí díolmhaithe ó íoc aon Pocock dolaí .

Sa bhliain 1898 , rinne Guglielmo Marconi an chéad gan sreang rathúil

tarchur os cionn uisce as an oileán na Maol Holm sa

Bristol Channel trí úsáid a bhaint as a kite chun ardaitheoir a aerga . Sa bhliain 1899 , an

Deartháireacha Wright tógtha kite beag so-innealta go fhíorú

a gcuid smaointe ar sciathán warping i rialú aerárthaí . Bhí sé seo

ról díreach i n-eitilte faoi thiomáint rathúil i 1903 .

Faoileoirí bosca fear - ardú Mheiriceá Samuel Franklin Cody

Tugadh isteach i 1901 agus bhí in úsáid ag na Breataine

arm le linn an Chéad Chogadh Domhanda a chur in ionad breathnóireachta airtléire

balúin . Na Gearmánaigh a úsáidtear freisin na kites a mhéadú

an raon féachana de fomhuireáin dromchla - facilities . I

1999 , a úsáidtear foireann cumhacht kite chun sleds tharraingt léir ar an mbealach a an Pol Thuaidh !

scátaí rollála

Tá Oighear scátáil fada modh tóir ar taisteal

ar chanálacha Ollainnis reoite sa gheimhreadh , ach Ollainnis anaithnid

aireagóir go luath sa 18ú haois ag iarraidh a Scátála sa

tsamhraidh . Nailed sé spóil adhmaid le stiallacha d'adhmad agus

a ghabhann leo ar a bróga , gheobhaidh siad léargas amhlaidh talamh tirim

scátáil nó Skeeling .

Ba é an chéad taifeadadh aireagóir Scátála sorcóir Beilge

ainmnithe John Joseph - Mhuirlinne . Sa bhliain 1760 , léirigh sé

Scátála inlíne primitive le rothaí miotail agus fiú d'fhreastail

páirtí masquerade agus ag caitheamh ar cheann de a metalwheeled nua

buataisí . Ar mian leo a dhéanamh isteach mhór , Meirliún

rollta i agus iad ag imirt ar an veidhlín . Mar sin féin , crashed sé isteach

na scátháin balla - fhad a lined an bálseomra , is cúis

gortuithe tromchúiseacha agus a rá dó a thréigean a aireagán .

Eisíodh an chéad phaitinn do dhearadh Scátála sorcóir sa Fhrainc

le M. Petitbled i 1819 . Bhí sé déanta de aonair adhmaid go

ag gabháil leis an bun an tosaithe , atá feistithe le 03:58

rollóirí déanta as copar , adhmad , nó Eabhair agus socraíodh i

líne dhíreach amháin. Sa bhliain 1823 , Robert John Tyers , le torthaí - díoltóir

i Piccadilly , Londain , paitinnithe scátála a dtugtar an Volito ,

cur síos mar ' gaireas a bheith ceangailte le buataisí ... le haghaidh na críche ag taisteal nó pléisiúir . ' Ní raibh na scátaí go luath an- so-innealta , ach bhí skaters oighir saineolaithe in ann a

aithris ar roinnt de a ghluaiseann orthu . Scátáil poiblí Móra

D'oscail rinks i roinnt cathracha Eorpacha ag na 1850í .

An casadh Scátála sorcóir Scátála nó quad ceithre -rothaí , rinneadh

le ceithre roth atá leagtha síos i dhá taobh - le - taobh mbeirteanna bhí ar dtús

deartha i 1863 , i Nua- Eabhrac , ag aireagóir Mheiriceá

James Leonard Plimpton in iarracht chun feabhas a chur ar

dearaí roimhe sin. An dearadh a cheadaítear casadh níos éasca agus

maneuverability , lena n-áirítear an cumas a Scátála ar gcúl

agus a chur ar stadanna tobann , agus tá sé seo mar thoradh ar é a bheith ina ollmhór

rath . Mar thoradh air sin , tháinig Plimpton ar a dtugtar an t-athair

de scátáil sorcóir lá nua-aimseartha .

Scátaí sorcóir á mais - tháirgtear i Meiriceá ag

na 1880í . Sa bhliain 1884 , fuair Levant M. Richardson ar phaitinn

maidir le húsáid na imthacaí liathróid chruach sa rothaí Scátála , mar thoradh

i sciataí níos éadroime le cuimilte laghdaithe . An dearadh ar an

D'fhan Scátála quad bunúsach gan athrú ina dhiaidh sin

agus chun tosaigh ar an tionscal ar feadh níos mó ná céad bliain .

Sa deireadh , scátaí i-líne le sraith aonair de rothaí

bhí tóir . Sna 1980í , deartháireacha Scott agus Brennan

Olson , Minneapolis , Minnesota thosaigh ag dearadh agus

díol scátaí inlíne , ar a dtugtar rollerblades , a sholáthair

turas an- réidh , go háirithe taobh amuigh . Sa lá atá inniu sciataí den sórt sin

tionchar an-mhór ar an margadh .

Teddy Bears

Theodore Roosevelt , ar a dtugtar níos fearr mar Teddy Roosevelt ,

an 26ú uachtarán na Stát Aontaithe é , an duine

freagrach as a thabhairt ar an Teddy iompróidh a ainm . Roosevelt

bhí ag cabhrú chun díospóid teorann idir na Stáit Aontaithe a shocrú

stáit de Mississippi agus Louisiana . Ar 14 Samhain, 1902 ,

bhí sé ag freastal ar fhiach marc i Mississippi nuair a roinnt

de chuid freastalaithe cornered , clubbed , agus ceangailte Meiriceánach

Black Bear le crann saileach tar éis fada , seilg exhausting

le madraí . Roosevelt dhiúltaigh a shoot an béar lucht créachtaithe

féin , ag rá go mbeadh sé unsportsmanlike , ach d'ordaigh

é a maraíodh a chur as a misery . Dhá lá ina dhiaidh sin , an

Washington Post siúl chartúin eagarthóireachta ag an polaitiúil

cartúnaí Clifford K. Berryman ar a dtugtar Líníocht na Líne i

Mississippi gur léirigh an dá an díospóid líne stáit agus an

iompróidh fiach . Bhí an chartúin agus an scéal a chuir sé coitianta

agus laistigh de bhliain , bhí an chuma ar an bréagán marc Teddy .

Níl aon duine i ndáiríre cinnte a rinne an chéad teidí.

I gceist leis an scéal is mó tóir Morris Michtom , a

úinéireacht nuachta beag agus siopa candy i Brooklyn , Nua

Eabhrac . Lá amháin a cruthaíodh a bhean Rose iompróidh stuffed beag

cub ó excelsior plush agus críochnaithe le bróg dubh

súile cnaipe . Go gairid ina dhiaidh sin , chuala Michtom faoi

Cartúin agus Berryman ar chur ar an marc ina bhfuinneog siopa ar taispeáint . Go leor custaiméirí
thosaigh ansin chun fiosrúchán a dhéanamh faoi

ag ceannach é. Sensing deis gnó , chuir Michtom

ceann amháin le Roosevelt , fuarthas cead a ainm a úsáid

agus thosaigh ag díol Béiríní ar . Ba iad na bréagáin a

rath láithreach . Laistigh de bhliain , a bunaíodh Michtom an

Ideal úrnuachta agus Toy Cuideachta, a bhí le bheith

ar cheann de na cuideachtaí bréagán is mó sa domhan .

Timpeall an am céanna i Giengen , an Ghearmáin , an Steiff

Gnólacht a tháirgtear a iompróidh stuffed as dearaí ag Richard

Steiff . Bhí sé ar taispeáint ag an Toy Aonach Leipzig Márta

1903 . Tá, Hermann Berg , le ceannaitheoir ar bréagán Meiriceánach

cuideachta , chonaic sé agus d'ordaigh láithreach 3000 a sheoladh

go dtí na Stáit Aontaithe . An Steiffs dhíol ansin ar 12,000 Bears ag

Aonach an Domhain Louis Naomh i 1904 agus fuair an óir

bonn , an onóir is airde ag an ócáid . An cineál bréagán

iompróidh tháinig freisin a bhaineann le scéalta faoi Uachtarán

Roosevelt agus bhí ar a dtugtar mar Teddy .

Faoi 1906 , monaróirí eile seachas Michtom agus Steiff

Chuaigh isteach agus an craze do Chargers Roosevelt bhí

den sórt sin a rinne na mban iad i ngach áit , bhí leanaí

grianghraf leo , agus bhí Roosevelt ag baint úsáide as ceann amháin mar

mascot ina tairiscint le haghaidh atoghadh .

ceamaraí

Ceamaraí Grianghrafadóireachta atá bunaithe ar an obscura ceamara , a théann siar go dtí an Síneach ársa agus Gréagaigh . Tá sé

úsáideann pinhole nó lionsa chun tionscadal íomhá bunoscionn ar

an ardán taobh amuigh . Sa bhliain 1685 , tógadh Gearmáinis Johann Zahn an

an chéad obscura ceamara a bhí beag agus iniompartha go leor

a bheith praiticiúil do grianghrafadóireacht , níos mó ná 150 bliain roimh

Cuireadh grianghrafadóireacht invented fiú .

Bhí sé Francach Joseph Niépce a ghlac an luaithe

grianghraif ar eolas , thart ar 1827 . aireagóirí Eile

invented níos fearr próisis grianghrafadóireachta , daguerreotypes

agus calotypes , go luath ina dhiaidh sin. Ach na grianghrafadóireachta

Cuireadh próisis bunaithe i gcónaí ar cheamaraí cosúil le Zahn ar

Samhail 17ú haois . Na Bhí dearadh bosca sleamhnáin - le

an lionsa a chur sa bhosca tosaigh agus an dara ceann , beagán

bosca níos lú taobh thiar d'fhéadfaí a bhogadh chun díriú .

Bhí invented an cróluas meicniúil sna 1870í , a

cheadaítear do amanna nochtadh níos giorra .

Scannán Grianghrafadóireachta , a rinneadh ar dtús ar pháipéar agus níos déanaí

ceallalóid Chuir Foras , ag Meiriceánach George Eastman i

1885 . A chéad ceamara rathúil , an Kodak , chuaigh ar díol

i 1888 . Bhí sé ceamara bosca simplí agus saor le

lionsa seasta - fócas , luas cróluas amháin , agus go leor scannán le haghaidh 100 neamhchosaintí . Sa bhliain 1900 , sheol Eastman an Brownie ,

ceamara bosca fiú níos simplí agus níos saoire a tháinig go luath

an- tóir . An Brownie chumas amaitéarach forleathan

grianghrafadóireacht , mar shampla grianghraif agus cártaí poist pictiúr .

Oskar BARNACK , a bhí ag obair ag an gcuideachta na Gearmáine Leitz , ceamaraí invented dhlúth a úsáidtear claonchlónna beaga , ar nós

mar scannán pictiúrlainne 35mm - leathan. Sheol Leitz an domhain

an chéad ceamara 35mm , an Leica mé , i 1925 . A amháin - lionsa

Reflex SLR , úsáidí ceamara a lionsa féin chun réamhamharc díreach

cad a bheidh grianghraf . An chéad ceamara SLR a

bhí scannán 35mm úsáid as an Exakta bó 1936 .

An Samhail Polaroid 95 , an chéad domhan ceamara toirt ,

bhí deartha ag aireagóir Mheiriceá Edwin Talún agus

a seoladh i 1948 . Chuir sé priontaí dearfacha críochnaithe

ó claonchlónna nochta i níos lú ná nóiméad amháin . an

an chéad ceamara Polaroid saor, an 20 Samhail Swinger

a seoladh i 1965 , d'éirigh thar barr agus tá sé fós ar cheann

de na ceamaraí barr - díol de gach am . Fuji isteach an

ceamaraí a úsáid indiúscartha nó aonair -tóir orthu i 1986 .

Le teacht na ceamaraí digiteacha nua-aimseartha , a úsáid

braiteoir íomhá leictreonach agus cuimhne chun íomhánna a ghabháil

in ionad scannán , aschur nó scannán ceamaraí grianghrafadóireachta a bheith

beagnach go hiomlán imithe as an margadh .

flashes ceamara

Grianghrafadóireacht ag baint úsáide dátaí solas saorga ar ais go dtí 1839

nuair a úsáidtear L. Ibbetson solas ocsaí - hidrigine , ar a dtugtar freisin

mar sholas an tsaoil mhór , nuair photographing rudaí micreascópacha .

Mar sin féin , bhí na pictiúir mar thoradh lit harshly agus

Léirigh cailc - bán , aghaidheanna pale .

Félix Nadar , grianghrafadóir Francach agus iriseoir ,

grianghraf na séaraigh Pháras baint úsáide as ach batteryoperated

soilsiú . Ach ní raibh sé go dtí 1877 go Henry Van

der Weyde oscail an chéad stiúideo ag baint úsáide solas leictreach sa

Londain . Powered by dynamo gás - tiomáinte , bhí sé go leor

solas a ligean neamhchosaintí ach 2-3 soicind .

An gá atá le neamhchosaintí níos giorra fós mar thoradh ar an úsáid a bhaint as

maignéisiam , atá an-inadhainte agus dó go tapa

le splanc geal an tsolais . Faoi 1864, sreanga maignéisiam agus

Bhí ribíní ar díol . Dódh an miotail i clockwork

lampaí le frithchaiteoirí . Mar sin féin , ós rud é go raibh dhó go minic

neamhiomlán , claonadh neamhchosaintí a athrú go mór . an

Bhí an modh sábháilte chomh maith agus a scaoileadh a lán de deataigh agus

fuinseog . Mar sin féin , d'fhan lampaí maignéisiam tóir

tríd na 1880í .

Sa bhliain 1887 , poitigéirí Gearmáinis Adolf Miethe agus Johannes Gaedicke measctha púdar maignéisiam breá le potaisiam

Clóráit , ar ocsaídeoir , a thabhairt ar aird Blitzlicht . bhí sé seo

an chéad púdar flash a úsáidtear go forleathan . Bhí Blitzlicht an

cumas a thabhairt ar aird grianghraif oíche le an-ard

luasanna cróluas agus bhí an- tóir . Mar sin féin , an

meascán stiúir uaireanta le pléascanna , ba chúis

roinnt timpistí an- tromchúiseach .

Meiriceánach Joshua Cohen invented an bolgán flash i 1899 .

D'úsáid sé cadhnraí cille tirim d'adhaint go leictreonach flash púdar . Sa bhliain 1929 , an Vacublitz , an chéad bolgán flash fíor ,

Tugadh isteach sa Ghearmáin ag an gCuideachta Hauser . Tá sé

a bhí cosúil leis aireagán Cohen , ach dóite alúmanam

scragall i bolgán gloine . Bhí bleibíní Flash sábháilte , noiseless , agus

gan toit . De réir na 1930í , tháinig siad synchronized leis

comhlaí ceamara , ag déanamh grianghrafadóireacht flash simplí fiú

do amateurs . D'fhéadfadh gach bolgán a úsáid ach aon uair amháin , mar sin ag an

1960í luatha , bhí tús curtha le cuideachtaí a pacáiste roinnt bolgáin

san aonad amháin , mar shampla Kodak ar Flashcube , a raibh ceathrar .

Sa bhliain 1931 , ' Doc ' Harold Edgerton MIT tháirgtear an

an chéad feadán flash leictreonach . Flashes Leictreonach a úsáid ard

voltas a ghiniúint stua leictreach trí gáis xeanón

i bhfeadán gloine . Tá siad saor, rechargeable , agus

Is féidir a n-déine a rialú go héasca . Sa lá atá inniu ag na

go hiomlán in ionad bolgáin flash .

CRIOSANNA Suíochán

Ceann de na chéad chásanna a bhaineann le húsáid criosanna sábhála a tharla

le linn go luath sa 19ú haois nuair a bheidh an Béarla cáiliúil

innealtóir agus The Aviator Sir George Cayley invented le cineál

crios sábhála lena n-úsáid ina faoileoir. Cé Edward J.

Fuair Claghorn na Nua-Eabhrac an chéad phaitinn crios sábhála i

1885 , a bhí i gceist a aireagán a bheidh le húsáid ag péintéirí agus firemen , ní paisinéirí gluaisteán a sheachaint. Sa bhliain 1911 , Mheiriceá

The Aviator Benjamin Foulois ceapadh úim don suíochán

a Wright Flyer Comhartha Cór 1 aerárthach . Theastaigh sé é a

shealbhú dó go daingean ina shuíochán ionas go bhféadfadh sé a rialú níos fearr a

aerárthach ar na réimsí garbh a úsáidtear le haghaidh takeoff agus tuirlingthe .

Mar sin féin , ní raibh sé go dtí an Dara Cogadh Domhanda go criosanna sábhála

tháinig caighdeánach in aerárthaí míleata .

I rith na 1930í , lianna Mheiriceá roinnt feistithe

a gcuid carranna féin le dhá - phointe ' criosanna lap ' agus thosaigh inar áitíodh

monaróirí a chur ar fáil dóibh i gach carr nua , ach le beagán

rath . Sa bhliain 1954 , áfach , an Club Spóirt Car Mheiriceá ,

criosanna lap anois NASCAR , éigeantach do gach tiománaí

le linn rásaí uathoibríoch . An bhliain seo chugainn , an Dr C. Hunter Shelden

de Pasadena , California , mhol ní amháin ar an retractable

crios sábhála , ach freisin rothaí stiúrtha cuasaithe , athneartaithe

díonta , barraí rolla , glais dorais , agus srianta éighníomhach , mar shampla

málaí aeir chun sábháilteacht gluaisteán a fheabhsú . Leighis , póilíní agus thionscal na gcarranna cumainn éagsúla ar fud an domhain chomh maith

Thosaigh abhcóideacht criosanna sábhála thart ar an am . carr Mheiriceá

monaróirí Nash (1949) , Ford (1955) , agus Chrysler (1956)

thosaigh ag tairiscint criosanna sábhála mar roghanna , agus an Saab na Sualainne

isteach criosanna lap mar chaighdeán i 1958 . leor Ford

fógraí na tréimhse shuntasach orthu nua

Gnéithe - áirítear sábháilteacht garda tarrthála a criosanna sábhála .

An nua-aimseartha trí phointe ' lap agus ghualainn ' crios sábhála a úsáidtear

i bhformhór na feithiclí tomhaltóirí a bhí paitinnithe inniu i 1955 ag na Meiriceánaigh Roger Griswold agus Hugh DeHaven . seo

Cuireadh feabhas breise múnla a bheidh formheasta ag aireagóir Sualainne

Nils Bohlin do monaróir gluaisteán sa tSualainnis Volvo , a

thug sé mar an trealamh caighdeánach i 1959 . Ina theannta

a dhearadh an crios trí phointe , léirigh Bohlin a

éifeachtúlacht i staidéar ar 28,000 timpistí sa tSualainn . I

1962 , deonaíodh dó ar phaitinn US do gléas . criosanna den sórt sin

tháinig chun bheith ina feiste sábháilteachta caighdeánach i bhformhór na gcarranna ag na 1970í .

Sa bhliain 1963 , rith an Comhdháil na Stát Aontaithe reachtaíocht a éilíonn

gach gluaisteán chun cloí le caighdeáin áirithe sábháilteachta .

Bhí an chéad domhan dlí crios sábhála a chur i bhfeidhm i 1970 ,

sa stát Victoria , san Astráil , a dhéanamh éigeantach é

do thiománaithe agus paisinéirí suíochán tosaigh- . Sa lá atá inniu , codanna is mó

ar fud an domhain tá dlíthe den sórt sin . Sa bhliain 2002 , meastar go Volvo

Bhí an crios sábhála shábháil cheana féin níos mó ná aon mhilliún saol .

cuimleoirí windshield

An aireagóir Mary Anderson Birmingham , Alabama

Tá creidiúnaithe leis an chéad windshield oibríochtúil cheapadh

Cuimilteora i 1903 . Ar reo , lá gheimhridh fliuch ar fud an

bhliain 1900 , bhí Anderson marcaíocht streetcar ar cuairt chuig

Nua-Eabhrac nuair a thug sí faoi deara go bhfuil an tiománaí bhféadfadh

ar éigean a fheiceáil tríd a flichshneachta - encrusted windshield tosaigh .

Bhí scoilt an tralaí fhuinneog tosaigh i gcodanna ionas go mbeidh an

D'fhéadfadh tiománaí a oscailt é , ag gluaiseacht an sneachta nó rain - clúdaithe alt as a líne radhairc , ach tá an córas seo d'oibrigh

an-lag . Lé sé an tiománaí ar aghaidh neamhurraithe , ní

trácht ar na paisinéirí ina suí i dtreo an tosaigh ,

leis an aimsir go dona agus ní raibh a fheabhsú a chumas a fheiceáil

áit a raibh sé ag dul , i gcás ar bith .

Anderson thosaigh a sceitseáil aici gléas cuimilteora ceart ann

ar an streetcar . Tar éis roinnt thosaíonn bréagach , tháinig sí

suas le fréamhshamhail gur oibrigh - sraith de airm cuimilteora

a rinneadh as adhmad agus rubair agus atá i gceangal le

tarraingíonn in aice leis an roth stiúrtha ar an taobh an tiománaí . nuair a

tharraing an tiománaí an lever , dragged sé an earraigh luchtaithe -

lámh ar fud an fhuinneog agus ar ais arís , imréitigh ar shiúl

braonta báistí , snowflakes , nó smionagar eile .

Bhí samhail a dhearadh a mhonaraítear Anderson agus ansin comhdaíodh sí iarratas ar phaitinn , US 743,801 , a bhí

a eisíodh ar 10 November 1903. Ina paitinne , Anderson

iarr sí aireagán gléas glantacháin fuinneog do leictreacha

gluaisteáin agus feithiclí eile . Rinne sí ansin le hús

cuideachtaí i tháirgeadh ar an gléas . Ar an drochuair ,

daoine a scoffed ar a aireagán , ag rá go bhfuil na cuimleoirí '

Bheadh gluaiseacht distract an tiománaí agus a chur faoi deara timpistí ,

agus an phaitinn in éag sa deireadh .

Meiriceánach John R. Oishei déanta an Tri - Ilchríochach

Corporation i 1917 , lenar tugadh isteach an chéad windshield

cuimilteora , Báisteach rubair , do slotted , windshields dhá - phíosa

le fáil ar go leor de na automobiles an am . Tá na

Bhí cuimleoirí windshield luath meicniúil a oibriú

de láimh . Ceachtar an tiománaí nó paisinéir a bhí ag obair ar

crank a dhéanamh ar an cuimleoirí dul ar ais agus amach !

Aireagóir William M. Folberth iarratas ar phaitinn don

gaireas uathoibríoch cuimilteora gaothscátha i 1919 , a bhí

a deonaíodh i 1922 . Cuireadh faoi thiomáint na cuimleoirí ag an inneall aer ,

gléas ceangailte le feadán leis an bpíopa ionraoin na chairr

mótair . An córas bhfolús atá á gcumhachtú le nua tháinig go tapa

trealamh caighdeánach ar automobiles , agus bhí in úsáid go dtí

thart ar 1960 . cuimleoirí leictreacha nua-aimseartha , ag gabháil go dtí an barr

an windshield , bhí cruthaithe ag Bosch chomh luath agus is 1926 , ach

Cuireadh in áirithe i dtosach ach amháin le haghaidh samhlacha só .

CÁRTAÍ CREIDMHEASA

Sa bhliain 1730 , Christopher Thompson , troscán Béarla

ceannaí , cruthaíodh an chéad fhógrán a dtugtar le haghaidh creidmheasa

ag tairiscint troscán a d'fhéadfaí a íoc as seachtainiúil . a

Bhí phioc smaoineamh suas agus a úsáid go dtí go luath sa 20ú haois ag

tallymen . Tallymen éadaí go bhféadfadh custaiméirí íoc as a dhíoltar

i íocaíochtaí seachtainiúla beag . Choinnigh siad scóir ar cad daoine

Raibh a cheannaigh ar bataí adhmaid ar a bhfuil notches .

Le linn na 1800í déanacha , ceannaithe a mhalartú go rialta

earraí ar cairde , le boinn creidmheasa agus plátaí muirear ag gníomhú di

mar airgeadra . I 1900s luatha , cuideachtaí ola Mheiriceá

agus siopaí roinn thosaigh a eisiúint cártaí dílseánaigh

gur glacadh leis ach amháin ag a gcuid gnóthaí féin . seo

Ghlac córas creidmheasa céim ar aghaidh i 1914 , nuair a an Iarthair

Thug an Aontais cuid de a gcuid custaiméirí rialta Miotal Airgead ,

cárta miotail a d'fhéadfaí a úsáid le haghaidh saor ó ús iarchur

ar a n-íocaíochtaí . Tionscail eile , mar shampla peitriliam ,

teileafóin , railroads , agus aerlínte thosaigh ag tairiscint den chineál céanna

cártaí don phobal i rith na 1930í .

An US cosc ar gach cártaí creidmheasa agus muirir i rith

An Dara Cogadh Domhanda . Mar sin féin , thosaigh an gnó borradh

arís chomh luath agus a bhí an cogadh os a chionn. An chéad chárta bainc ,

ainmnithe Charg - sé , isteach i 1946 ag John Biggins , baincéir i Brooklyn , Nua- Eabhrac . D'fhéadfadh a bheith Ceannacháin amháin

a rinneadh go háitiúil agus sealbhóirí cárta a bhí go bhfuil cuntas ag

Bainc Biggins ' .

Sa bhliain 1949 , bhí fear darbh ainm Frank McNamara gnó

dinnéar i mbialann Nua-Eabhrac , ach dearmad a thabhairt ar a

sparán . An taithí cinnte leis an ngá atá le

mhalairt ar airgead tirim . An bhliain seo chugainn McNamara agus a pháirtí

Sheol cárta beag cairtchláir ainmnithe an Cárta Chlub Diners .

Úsáidte go príomha le haghaidh taistil agus siamsaíochta , bhí sé ar an chéad

cárta creidmheasa fíor . Mar sin féin , bhí an bille fós a bheith go hiomlán

íoc gach mí . Sa bhliain 1958 , sheol American Express n-

cárta creidmheasa féin chun dul san iomaíocht le Diners Club .

Eisíodh an chéad chárta creidmheasa roithleánach - ag an mBanc

Meiriceá sa bhliain 1958. Ba é an BankAmericard an chéad a thairiscint roghanna íocaíochta sealbhóirí cárta ; thuilleadh go raibh siad a íoc

a mbille ar fad gach mí .

Sa bhliain 1966 , chuaigh grúpa de na bainc Mheiriceá le chéile chun

chruthú ar an Cárta Idirbhainc Cumann (ICA) , anois ar a dtugtar

MasterCard , do chártaí agus idirbhearta a phróiseáil a eisiúint .

Bank of America bhunaigh an tSeirbhís BankAmerica

Corparáide , anois ar a dtugtar VÍOSA , an bhliain chéanna . Sa lá atá inniu

Tá VÍOSA agus MasterCard an domhain cárta creidmheasa le rá

cumainn .

TEACHTAIREACHTAÍ TÉACS (SMS)

Sa lá atá inniu 3.6 billiún duine nó 78 faoin gcéad de gach fón póca

síntiúsóirí úsáid SMS , ar a dtugtar freisin mar teachtaireachtaí téacs .

Mar sin féin , bhí sé ina rath thaisme a thóg beagnach

gach duine sa tionscal soghluaiste ag iontas . an scéal

Tosaíonn go luath sna 1980í , le linn an próiseas a chruthú

an Córas Domhanda do Chumarsáid Mobile (GSM) .

Matti Makkonen , innealtóir na Fionlainne , atá beartaithe le go luath

Coincheap SMS le linn fhorbairt GSM . a smaoineamh

Bhí córas teachtaireachtaí an- simplí a bheadh ag obair

fiú nuair a bhí aistrigh an gléas a fháil amach nó

lasmuigh dá réimse a chumhdaítear. Ba é an coincheap SMS a thuilleadh

fhorbairt laistigh den comhoibriú GSM Franco - Gearmáinis

i 1984 ag Friedhelm Hillebrand agus Bernard Ghillebaert .

A n- smaoineamh eochair a bhí a athúsáid an líonra GSM , a bhí

optamaithe le haghaidh glaonna gutha , le haghaidh iompar teachtaireachtaí téacs

le linn tréimhsí chomharthaíochta mar a thugtar air a bhí ag teastáil go dtí

rialú tráchta guth . Seo úsáid a cheadaítear de neamhúsáidte

córas acmhainní ag costas íosta .

Sa bhliain 1992 , bhí Neil Papworth an Ghrúpa Sema an chéad duine a

seol teachtaireacht SMS , ag baint úsáide as ríomhaire ar an Vodafone

Líonra GSM sa Ríocht Aontaithe . Ba í an teachtaireacht ' súgach

Nollag ' , a sheoladh chuig Richard Jarvis Vodafone , a bhí ag baint úsáide as an chéad atá ar fáil GSM handset - an Orbitel 901 .

Haghaidh na chéad seirbhísí SMS úsáideoirí ar an eolas faoi glórphoist

teachtaireachtaí . Ní raibh soláthraithe Cellular cheapann go bhfuil daoine

bheadh ag iarraidh a sheoladh gach teachtaireachtaí téacs eile , mar gheall ar

amharc siad fós é mar chineál de glaoireachta . Seirbhísí glaoireachta ,

ina oibreoir daonna in ionad seirbhíse comhdhéanta

agus teachtaireachtaí a dtugtar i ag tomhaltóirí a sheoladh , a bhí

thart ar feadh tamaill . An chéad seirbhís SMS tráchtála

a dhíol le tomhaltóirí a bhí ar teachtaireachtaí téacs - duine -le-duine

seirbhís ag Radiolinja san Fhionlainn i 1993 .

Bhí fás tosaigh SMS mall , le custaiméirí GSM i 1995

sheoladh ar an meán ach 0.4 teachtaireachtaí in aghaidh an chustaiméara

in aghaidh na míosa . Fachtóir amháin i nglacadh mall SMS ná

go raibh oibreoirí mall a chur ar bun ar chórais a mhuirearú ,

go háirithe do shíntiúsóirí réamhíoctha , agus billeála chun deireadh a chur

calaois . Chomh maith leis sin cheadaítear líonraí sa Ríocht Aontaithe ach amháin do chustaiméirí

chun teachtaireachtaí a sheoladh chuig úsáideoirí eile ar an líonra céanna .

A bhí i leataobh an srian i 1999 .

Faoi dheireadh na bliana 2000 , ar an meán líon na n teachtaireachtaí

shroich 35 in aghaidh an úsáideoir in aghaidh na míosa agus ag Lá Nollag i

Cuireadh níos mó ná 2006 205 milliún teachtaireachtaí a sheoladh sa Ríocht Aontaithe ina n-aonar .

Sa bhliain 2010 , cuireadh 6100000000000 teachtaireachtaí ar fud an domhain , a

aistríonn i 193,000 teachtaireacht in aghaidh an tsoicind .

SUÍMH SÁBHÁILTEACHT CAR

Tá suíocháin sábháilteachta Carr , chomh maith dá suíocháin sábháilteachta mar naíonán ,

suíocháin atá deartha go speisialta chun leanaí a chosaint ó

báis nó díobhála le linn imbhuailtí gluaisteán a sheachaint. Feithiclí

tuairteanna i measc na killers na príomhchúiseanna le leanaí agus

an chuid is mó de na básanna a tharlóidh toisc nach bhfuil na páistí

daingnithe i cineál ceart suíochán sábháilteachta charr . An Chéad a úsáidtear i

Bhí 1898 , suíocháin sábháilteachta go luath beagán níos mó ná málaí le

drawstring a d'fhéadfaí a bheith ag gabháil leis an suíomh gluaisteán . bhí siad

ach i gceist a leanaí a choinneáil ó dul suas nó a thagann

as a suíocháin nuair a bhí carr i sábháilteacht tairiscint - leanbh

Ní raibh i ndáiríre mar thosaíocht . Ó shin i leith , go leor modhnuithe

agus coigeartuithe curtha i bhfeidhm chun daoine

go tiomáint agus taistil i automobiles , lena n-áirítear srianta

a chosaint dhaoine fásta agus do pháistí .

Sa bhliain 1962 , Leonard Rivkin , comh - úinéir Guys agus bábóg , ina

leanaí bréagán agus siopa troscáin i Denver , Colorado ,

tháinig suas le dearadh le haghaidh an suíomh gluaisteán chéad chosaint

leanbh . Ag an am sin , bhí suíocháin tosaigh a ceapadh chun smeach

ar aghaidh , mar sin , i dtimpiste , naíonáin d'fhéadfaí a catapulted isteach

windshield . Cuireadh miotail fráma suíochán cairr Rivkin deartha

chun fanacht i bhfeidhm trí chosc an suíochán paisinéara ó

flipping . Aireagóir na Breataine Jean Ames invented freisin leanbh go luath

suíochán a chosaint i 1962 . Bhí an dearadh Ames straps

bhí an suíochán padded i gcoinne an suíochán paisinéara cúil .

Laistigh den suíomh, bhí srian ar an leanbh ag Y - chruthach

úim a shleamhnaigh thar a cheann agus dá ghualainn agus

Cuireadh fastened idir a cosa .

Sna 60í déanacha , d'fhorbair Sualainnis uathoibríoch - dearthóirí an chéad

ar chúl- os comhair suíochán sábháilteachta leanbh a ceapadh chun cosc a chur ar naíon

ó bheith gortaithe i timpiste uathoibríoch . Bhí sé bunaithe ar

an smaoineamh turas síos , is é sin , íoslaghdú luasghéarú coibhneasta

leis an bhfeithicil le linn timpiste . Ghlac an dearadh roinnt blianta

agus tástáil fairsing , ach sa deireadh , bhí forbartha acu

ar cheann de na gnéithe sábháilteachta is tábhachtaí a chur leis

automobiles . Mar sin féin , le linn na tréimhse seo , ach amháin an chuid is mó

tuismitheoirí sábháilteachta comhfhiosach cheannaigh suíochán sábháilteachta leanbh .

Sna 1970í , ag tabhairt aghaidhe le feiste sábháilteachta ag obair do

leanaí ach gan a bheith in ann a chur ina luí ar an bpobal go

raibh siad accessory ag teastáil le haghaidh cúram leanaí , bhí

bhrú ollmhór chun an pobal ar shuíocháin sábháilteachta agus

contúirtí a bhaineann le leanaí ó vehicle lap traidisiúnta .

Ba é an chéad Tennessee stát SAM chun pas a dlíthe a éilíonn

an úsáid a bhaint as suíocháin sábháilteachta do leanaí óga . Idir 1978

agus 1985 , agus ina dhiaidh gach stát SAM amháin oireann . Sa lá atá inniu ,

Tá formhór na dtíortha dlíthe den chineál céanna .

THERMOS fleascanna

An fleascán bhfolús , ar a dtugtar freisin mar fleascán Dewar , Dewar

buidéal , nó Thermos Bhí invented , ag fisiceoir na hAlban

agus poitigéir Sir James Dewar i 1892 . aireagán Dewar ar

Bhí sé i gceist den chuid is mó a chaomhnú gáis leachtaithe , cosúil le

nítrigin leachtach agus hidrigin , trí chosc a chur an t-aistriú

teasa ón timpeallacht . Éard a bhí sé dhá fleascáin ,

a chuirtear ar cheann de na eile agus chuaigh ag an muineál . an

Bhí bearna idir an dá fleascanna in aice le bhfolús a

cosc traschur teasa trí sheoladh nó comhiompar ,

agus bhí a n- dromchlaí frithchaiteacha teas bratuithe chun cosc a chur

aistriú trí radaíocht . An chéad fholúsfhleascáin tráchtála

Rinneadh i 1904 nuair a comhlacht Gearmánach , Thermos

GmbH , a bunaíodh ag dhá séidirí gloine . Bhí siad

comórtas nuachtán a ainm a táirge agus a bhfuil cónaí

München bhráid ' Thermos ' , a tháinig ó na

Focal Gréigise a chiallaíonn Therme ' teas ' . Dewar theip ar

chlárú ar phaitinn don aireagán a agus bhí sé ina dhiaidh sin paitinnithe

ag thermos a bhfuil Dewar caillte cás cúirte .

Sa bhliain 1907 , a dhíoltar Thermos GmbH na Trádmharc Thermos

cearta le trí chuideachta neamhspleách. D'fhorbair siad

na fholúsfhleascáin a tógadh go leor cáiliúla

expeditions , lena n-áirítear turas Ernest Shackleton chuig an

Antartach , turas Robert Peary chuig an Artach i 1909 , agus Safari hAfraice Mheiriceá Uachtarán Theodore Roosevelt

i 1909 . Tháinig sé freisin aerbheirthe nuair Bráithre Wright

Rinne sé suas i n- eitleáin agus ar Count Ferdinand von

Zeppelin ina airships .

Sa bhliain 1911 , tugadh isteach an chéad meaisín-déanta filler gloine

chun fleascáin a thermos agus a n-tóir fhás go tapa .

Fisiceoir Meiriceánach William Stanley Jr invented an ALLSTEEL

buidéal i bhfolús i 1913 agus thosaigh cuideachta darb ainm

Stanley go bhfanann ar cheann de na brandaí is mó tóir ar

thermoses ar an margadh . Le linn an Dara Cogadh Domhanda , níos mó ná

10,000 Thermos nó Stanley fholúsfhleascáin chuaigh amach le

Criúnna buamadóir gComhghuaillithe ar gach ruathar mór .

Thermos fós Trádmharc cláraithe i roinnt tíortha

ach bhí dearbhaithe Trádmharc ginearálaithe sna Stáit Aontaithe i

1963 mar tá sé tar éis éirí shamhlaítear le fholúsfhleascáin i

ginearálta . Is sampla é seo de ' creimeadh Trádmharc ' , a

a tharlaíonn nuair a thiocfaidh chun bheith ina Trádmharc chomh coitianta go dtosaíonn sé

á n-úsáid mar ainm coitianta agus an chuideachta bhunaidh

nach gcoiscfidh, úsáid den sórt sin . Sa chás seo , ní féidir leis an focal a bheith

cláraithe níos mó. I measc na samplaí Meiriceánach Aqua - scamhóg

(Divers US) , Aspairín (Bayer AG) , escalator (Otis Elevator

Cuideachta) , hearóin (Bayer AG) , Ceirisín (Abraham Gesner) ,

Scriú Phillips - ceann (Henry F. Phillips) , Yo -Yo (Duncan Yo -

Yo Cuideachta) , agus zipper (B.F. Goodrich) .

paraisiúit

An chuma ar an fhianaise is luaithe ar paraisiúit i lámhscríbhinn

ó 1470s An Iodáil . Leonardo da Vinci mhínigh níos

dearadh sofaisticiúil thart ar 1485 . Tá an fhéidearthacht a

D'fhíoraigh dearadh sa bhliain 2000 ag Sasanach Adrian Nicholas .

Mar sin féin, ní raibh an paraisiúit nua-aimseartha invented go dtí an

18ú haois déanach le Louis - Sébastien Lenormand sa Fhrainc ,

a rinne a chéad léim poiblí i 1783 . Dhá bhliain ina dhiaidh sin , sé

chum an paraisiúit focal , rud a chiallaíonn , ' sin a chosnaíonn

i gcoinne titim . ' I 1802 , thrasnaigh André - Jacques Garnerin an

Níocht ar balún hidrigine agus léirigh

an balún agus ar ghinealach paraisiúit i Londain .

Bhí balloonist Polainnis aer te Jordaki Puparento an chéad

a shábháil ag paraisiúit tar éis a balún a ghabhtar tine

i 1808 . Sa bhliain 1837 , bhí an t-ealaíontóir Robert Béarla cocking an chéad duine a fhaigheann bás ó timpiste paraisiúit . Sa bhliain 1887 ,

Meiriceánach balloonist agus eitlíochta ceannródaí Mór Thomas

S. Baldwin chum an chéad úim paraisiúit .

Sa bhliain 1911 , rinne Deontas Morton an chéad léim paraisiúit

ó eitleán i gCoill Venice Beach, California . Sa bhliain 1912 ,

Léirigh aireagóir Rúisis Gleb Kotelnikov an

coscánaithe , nó paraisiúit drogue trí luasmhoilliú ar Russo -

Gluaisteán Balt a bhí ag taisteal ag luas barr . D'fhorbair sé freisin an chéad paraisiúit knapsack .

Stefan Banič chruthaigh an chéad paraisiúit míleata i

1914 , rud a chabhraigh go leor aviators US Air Force shábháil

le linn an Dara Cogadh Domhanda I. Thomas Orde - Lees , ar a dtugtar an

Mad Mór , léirigh go bhféadfaí a úsáid paraisiúit

go rathúil ó airde íseal. Sa bhliain 1916 , Sholamón Lee Van

Stíl backpack Méadair Jr ' s Aviatory Saol Buoy Chuir ríthábhachtach

meicníocht - an mear- scaoileadh ag titim ripcord - ligean

aviators a leathnú ar an ceannbhrat ach amháin tar éis go raibh sé sábháilte . Gach

Tá paraisiúit nua-aimseartha ripcord .

Tús leis an Iodáil i 1927 , dtíortha éagsúla

experimented le úsáid a bhaint as paraisiúit chun saighdiúirí titim

taobh thiar de línte namhaid . Gairdín an Mhargaidh Oibríocht , rinne

ag na Comhghuaillithe le linn an Dara Cogadh Domhanda i 1944 , meastar

an oibríocht mhíleata riamh aerbheirthe is mó .

Sa bhliain 1937 , bhí eitleáin Sóivéadach san Artach an chéad duine a

paraisiúit fánán tarraing a úsáid chun tacaíocht a sholáthar do Polar

expeditions mar shampla an chéad stáisiún oighear foireann drifting

Pol Thuaidh - 1 . Tá na sleamhnáin a cheadaítear plánaí le talamh
sábháilte ar floes oighear beag . An forbairt an spóirt nua
Thosaigh paraisiúit sna 1960í luatha . De réir na 1970í déanacha ,
parafoils , a breathnú cosúil le sciatháin agus is féidir iad a steered mar
aerárthach , a bhí ag éirí coitianta .

SRÁID lampaí
Téann an gá atá le soilsiú poiblí ar ais go dtí ársa
amanna . Timpeall 50 RC , bhí na Rómhánaigh ag baint úsáide móra
lampaí ola miotail le wick fibrous agus taiscumar
ola glasraí . An focal Laidine dá laternarius le
daor freagrach don soilsiú na lampaí . an tasc seo
Leanadh ar aghaidh le comhlíonadh ag daoine speisialta i rith na
Meánaoiseanna nuair a thionlacan sin ar a dtugtar buachaillí nasc daoine
trí murky , sráideanna foirceannadh .
Sa bhliain 1417 , Sir Henry Barton , Méara Londain , ordained
' lóchrainn le soilse a bheith hanged amach ar an gheimhridh
tráthnónta idir Hallowtide agus Candlemasse , ' ie ,
idir an 1 Samhain agus 2 . Faoi 1716 , na tithe go léir i Sasana
os comhair tsráid nó lána ceanglaíodh hang amach ceann amháin nó
soilse níos mó 06:00-11:00 nó aghaidh fíneálacha .
Tógadh na lampaí sráide gás - dhó luaithe sa

Arabach Impireacht , go háirithe i Córdoba , An Spáinn , thart ar 1000

AD . Ba é an t-innealtóir na hAlban agus aireagóir William

Murdoch a dhear an chéad gaslights praiticiúla sa

1790í luatha . I dtús báire na lampaí a úsáid ach amháin gás guail . I

1802 , rinne Murdoch ar taispeáint go poiblí de soilsiú gáis

go alltacht agus awed an daonra áitiúil . ach

Ba aireagóir na Gearmáine agus gnó Friedrich Albrecht Winzer an chéad duine chun paitinne guail soilsiú - gás

i 1804 . Sa bhliain 1807 , suiteáilte sé gaslights ar Pall Londain

Meall . Tar éis sin , scaipeadh go tapa ar fud an soilsiú gáis

domhan tionsclaithe.

Sa bhliain 1857 , innealtóirí na Fraince Lacassagne agus Thiers suiteáilte

soilsiú leictreacha ar La Rue Imperiale i Lyons , An Fhrainc ,

a tháinig an chéad sráid a bheith lit le buan

suiteáil leictreach . Stua leictreach sholas Luath úsáid

lampaí , a bhí invented ag poitigéir na Breataine Sir

Humphry Davy go luath sa 19ú haois . lampaí den sórt sin

thuill bPáras a ' Cathair na Soilse ' leasainm .

Ach ní raibh sé seo ciallóidh an deireadh gaslights . Sa bhliain 1885 ,

Eolaí hOstaire agus aireagóir Carl Auer von Welsbach

paitinnithe an maintlín gáis . Ghintear sé geal dian

Bhí solas agus tóir le blianta fada anuas .

Soilse stua a rith amach as úsáid do shoilsiú sráide ag an

deireadh an 19ú haois . Bhí in ionad iad ag saor ,

bolgáin solais ghealbhruthacha iontaofa , agus geal , a

is mó soilsiú sráide ar feadh blianta fada . an highpressure

Tá sóidiam (SCS) lampa gal ceannasach lá atá inniu ann

toisc go bhfuil sé éifeachtúil ó thaobh fuinnimh agus a thaispeáint an chuid is mó suas dathanna

maith ann . Feidhmiú na lampaí nuair sruth leictreach

Gabhann trí ghás ianaithe (plasma) d' adamh sóidiam

solas a ghiniúint .

seaicéid LIFE

Seaicéid Saoil a dtugtar freisin mar feistí snámhachta pearsanta

(PFDs) , preservers saol , Wests Mae , veisteanna saol , Savers saol ,

seaicéid corc , áiseanna snámhachta , agus a oireann snámhachta . an chuid is mó

Cuireadh seaicéid tarrthála ársa déanta as craiceann ainmhí teannta

máilíní nó log , séalaithe gourds .

Timpeall 870 RC , arm Assyrian Rí Ashurnasirpal úsáidtear

craicne ainmhithe inséidte a thrasnú móta . Bhí an eachtra

doiciméadaithe i snoí cloiche atá viewable ag an anois

Músaem na Breataine , Londain . An Sasanach ainmnithe Dr John

Wilkinson paitinnithe seaicéad tarrthála corc i 1765 . Ina leabhar

dar teideal Caomhnú na Mairnéalach ó Long Báite , Ghalair , agus

Eile calamities Teagmhas a Mairnéalaigh , cur síos ar Wilkinson

na buntáistí a preservers saol coirc . Ach bhí PFDs den sórt sin

nár eisíodh chuig mairnéalaigh chabhlaigh go dtí go luath sa 19ú céad .

An chéad chinneadh tromchúiseach a mhonarú seaicéid tarrthála i

Rinneadh chainníocht a rinneadh i 1851 tar éis an bháis de 20 as

24 píolótaí ar an Tyne abhainn sa Ríocht Aontaithe nuair a gcuid bád

capsized . Tar éis an tragóid , Captaen John Ross

Ward , féadfaidh cigire Foras Ríoga Náisiúnta Bád Tarrthála

sa Ríocht Aontaithe , a ceapadh an chéad saol nua-aimseartha

seaicéad . Líonadh a dhearadh le corc agus bhí £ 24

de bhuacacht . Bhí an dearadh chomh coitianta gur fhan sé i mbun seirbhíse fiú tar éis an Dara Cogadh Domhanda , céad bliain ar fad ina dhiaidh sin !

Sa bhliain 1852 , bhí na Stáit Aontaithe an chéad tír a cheangal ar an saol

seaicéid do gach paisinéir ar bord soithí tráchtála .

Tíortha eile an rian na 1890í . cealla iontaofa

líonadh le kapok , an ghruaig clumach síol an crann Bombax ,

sa deireadh in ionad ábhar coirc i seaicéid tarrthála bunaidh .

Bhí ábhar buacach eile a úsáidtear adhmad balsa . éagsúla

sobail sintéiseach ionad anois dá n-ábhar .

Bhí gach seaicéid tarrthála go luath go nádúrtha buacach agus ní raibh

Ní mór boilsciú . Sa bhliain 1928 , Mheiriceá Peter Markus Kansas

City, Missouri , chum an chéad preserver saol inséidte ,

ar a dtugtar an Mae Iarthair . Bhí sé tóir

Airmen gairmeacha gaolmhara le linn an Dara Cogadh Domhanda . Eisíodh iad

Wests Mae mar chuid de a bhfearas eitilte .

Fadhb thromchúiseach le luath dearaí seaicéad an saol a bhí go

Ní raibh siad féin - fhrithluail . Go minic daoine ag caitheamh

Bheadh dóibh titim os a chionn, aghaidh talamh síos , agus más rud é go raibh siad

gan aithne , drown . Bhí taighde chun feabhas a chur ar an dearadh

a rinneadh sa Ríocht Aontaithe an tOllamh Edgar A. Pask agus faoi stiúir

leis an 1952 patrún Admiralty 5580 inséidte , féin - fhrithluail seaicéad - saol marvel de dhearadh simplíocht , feidhmíocht ,

agus marthanacht . Tá an dearadh a chóipeáil ar fud an

Tá domhain agus i seirbhís , fiú anois .

UISCE mbuidéil

Bhí uisce agus san earrach uisce mianraí dtús an chuid is mó

cineálacha tóir uisce i mbuidéil . Chreid a lán daoine go

Bhí uisce mianraí éifeachtaí míochaine agus go uisce earrach

Bhí go háirithe íon mar gheall go raibh sé ach chun cinn as an

talamh agus nár úsáideadh . Go leor Springs cáiliúil freisin

tháirgeadh go nádúrtha carbónáitithe , súilíneacha , uisce den sórt sin Vichy

Catalóinis , Ferrarelle , Wattwiller , Apollinaris , agus Perrier . an

baile thiar theas na Gearmáine ar Niederselters , ina bhfuil ceann amháin

earrach den sórt sin é , an namesake do Selters Uisce nó seltzer .

Ba é an Francach a lorg ar dtús saothrú tráchtála

foinsí uisce nádúrtha le Evian , ainmnithe i ndiaidh an bhaile

de Evian - les - Bains . Osclaíodh folctha teirmeach in aice láimhe i

1821 , ag an earraigh Cachat in aice le Loch na Ginéive . Dhíol an

uisce féin thosaigh i 1829 agus bhí ar dtús pacáistithe i

coimeádáin cré-earraí . Johann Jacob Schweppe , a

próiseas forbartha a mhonarú mianraí carbónáitithe

uisce , bhunaigh an Béarla dí gcuideachta Schweppes

sa Ghinéiv . Ba é an chéad Schweppes i mbuidéil a thabhairt isteach uisce san Eoraip agus a úsáidtear an Taispeántas Mór 1851

i Londain mar dheis margaíochta an-uathúil . an

uisce i mbuidéil a an chuideachta a tháinig ó na cáiliúil

Earrach Malvern i Sasana . Sa bhliain 1845 , thosaigh an teaghlach RICKER Maine le buidéal agus a dhíol

uisce ó fhoinse unidentified . A n- oibriú beag

tapa d'fhás mar a chaipitliú siad ar an earraigh a ceaptha

airíonna leighis agus ar deireadh thiar bhí sé an cáiliúil

Cuideachta uisce An Pholainn Springs , atá ann fós .

Cé máirseáil go dtí an Róimh i 218 RC , bhí in úsáid Hannibal an

Perrier earrach i ndeisceart na Fraince . Sa bhliain 1888 , na Fraince

Impire Napoleon III a dhíoltar na cearta chun an earraigh le Dr

Louis Perrier agus feirmeoir áitiúil . An smaoineamh maidir le margaíocht an

Bhí an earraigh ar uisce go nádúrtha carbónáitithe an brainchild

Béarla Aristocrat Naomh Eoin Harmsworth . cheannaigh sé

earrach ó Dr Perrier agus ainmnithe chomh maith leis an críochnaithe

táirge tar éis dó tuiscint ar údarás leighis a chur ar fáil .

Bhí fás beag san uisce i mbuidéil nádúrtha

tionscal le linn an chuid luath den 20ú haois . an

cuideachtaí buidéalú déanta a ghrúpa stocaireachta féin i

1950 d'fhonn a táirge a chur chun cinn , ach d'fhás díolacháin an-

go mall ar dtús . Arís ghlac Evian i gceannas sna 1950í ag

dhíol a chuid uisce leis an éileamh cumhachtach , ' chun cabhrú le lactating

máithreacha agus [a chur ar fáil] mianraí tábhachtach do naíonáin ' .

Ó shin i leith tá an tírdhreach uisce i mbuidéil leathnaithe

tremendously . Anois, tá na céadta cuideachtaí

agus na mílte na n-ainmneacha branda uisce i mbuidéil agus a n-

Tá díolacháin ar fud an domhain i billiúin dollar .

Cártaí Poist

An cárta poist pictiúr is luaithe ar a dtugtar a bhí lámh - phéinteáil

dhearadh ar chárta . Bhí sé caricature oibrithe sa phost

Cuireadh i bpost oifige agus i Londain ag an scríbhneoir , cumadóir

agus dea-aitheanta joker praiticiúla , Theodore Hook , i 1840 ,

bhfuil pingin stampa dubh .

Bhí sé i 1861 go John P. Charlton de Philadelphia ,

Stáit Aontaithe Mheiriceá , a ceapadh an chéad chárta a tháirgtear ar bhonn tráchtála .

Paitinnithe sé a dhearadh , ach a dhíoltar na cearta chun Hymen L.

Lipman , a athainmníodh é Lipman ar Cárta Poist. an cárta

Díoladh le teorainn maisithe . Mar sin féin , ar Bealtaine

13 , 1873 , forbade an rialtas SAM a eisíodh príobháideach

cártaí poist . Máistir Poist John CRESWELL isteach an

chéad cártaí poist pingin oifigiúil réamh - stampáilte níos déanaí an bhliain sin .

An smaoineamh don chárta poist a eisíodh go hoifigiúil san Eoraip

Cuireadh chun sochair oifigiúil poist Gearmáinis Dr Heinrich

von Stephan i 1865 . Ach caillteanas fearing ioncaim poist ,

Ní raibh an plean chun báis i dTuaisceart Ghearmáin go dtí mí Iúil

1870 . An Dr Emanuel Herrmann mhol an smaoineamh céanna

leis an rialtas Austro - Ungáiris . Bhí sé seo go tapa

ceadaithe agus eisíodh an chéad chárta ar an Deireadh Fómhair

1 , 1869 . In éineacht le stampa imprinted , seo

Bhí ar a dtugtar cárta poist rialtais ar Corresponendz

Karte nó Cárta Comhfhreagras . An chéad ar a dtugtar clóite cártaí poist pictiúr , le híomhá

ar thaobh amháin cruthaíodh , sa Fhrainc sa bhliain 1870 . Bhí

aon spás do stampaí agus aon fhianaise go raibh siad

phost riamh gan gclúdach . An chéad fógraíocht

cárta le feiceáil i 1872 sa Bhreatain Mhór . an Uilíoch

Bunaíodh an Aontas ZIP bhliain chéanna agus a ionad

conarthaí aonair idir náisiúin a bhfuil sraith nglactar

na rialacháin a rialaíonn comhsheasmhach phoist idirnáisiúnta .

An comhaontú a cheadaítear cártaí poist rialtais - eisithe

a sheoladh go hidirnáisiúnta ó thús 1875 .

Cártaí taispeáint íomhánna méadú i líon i rith na

1880í . Íomhánna den Túr Eiffel nua a tógadh i 1889 agus

Thug 1890 spreagadh chun an cárta poist , as a dtiocfaidh an sin ar a dtugtar

ré órga an cárta poist pictiúr sna blianta i ndiaidh an

lár 1890í . I mí Iúil 1879, thug an Oifig an Phoist na hIndia

1/4 cárta poist Anna . Ina dhiaidh sin bhí cártaí poist a

bhí i gceist go sonrach lena n-úsáid rialtais i mí Aibreáin 1880,

agus ag cártaí poist freagra i 1890 . fanacht Cártaí Poist fós

tóir san India agus thar lear .

An raibh a fhios agat ?

Tá an staidéar agus a bhailiú cártaí poist termed deltiology .

Tá sé a chreidtear a bheith ar an Caitheamh aimsire inbhailithe tríú is mó sa domhan , dul thar ach amháin trí mona agus a bhailiú stampa .

sreang deilgneach

Fálú comhdhéanta de shreang cothrom agus tanaí a bhí beartaithe ar dtús

i 1860 sa Fhrainc ag Leonce Eugene Grassin - Baledans .

Bhí a dhearadh pointí bristling chruthú fál a

Bhí painful a thrasnú . Leor paitinní dhiaidh sin , ach

aon cheann de na sreanga a bhí riamh a tháirgtear ar bhonn tráchtála .

Sa bhliain 1868 , ainmníodh gabha Michael Kelly as Nua

Deonaíodh Eabhrac paitinn do fálú go sonrach le haghaidh

ainmhithe cosc . An chéad fálta sreang é amháin ba

snáithe amháin de shreang , a briste go minic ag

an meáchan eallaigh cnaipe i gcoinne é . Kelly rinne

feabhas suntasach ag casadh dhá shreang le chéile .

Ar a dtugtar an fál íogair , dearadh dúbailte - snáithe Uí Cheallaigh

bhí an chéad sreang deilgneach rathúil .

Joseph F. Glidden , ina fheirmeoir Meiriceánach , chun sochair go minic

do dhearadh an chéad deilgneach rath tráchtála

sreang . Tháinig an smaoineamh Glidden ó taispeáint ag aonach i

Dekalb , Illinois , i 1873 . Tá chonaic sé fál adhmaid

le protrusions sreang a ceapadh chun bó a dhíspreagadh . Finscéal

Deirtear gur spreag bhean Glidden ar Lucinda dó

cuir a ghairdín lena smaoineamh . Bhuaigh sé ansin roinnt

cathanna cúirte thar na cearta chun a aireagán , simplí

barb sreang faoi ghlas isteach ar sreang dúbailte -snáithe , mar sin tháinig sé chun

ar a dtabharfar an Buaiteoir . Glidden , agus ina pháirtí bhunaigh an Fál Barb

Cuideachta i DeKalb a mhonarú an Buaiteoir . siad

invented modh chun Glasáil an barbs i bhfeidhm agus an

innealra do mais - tháirgeadh . Faoin am a bháis ,

Bhí Glidden ar cheann de na fir is saibhre i Meiriceá . Sa lá atá inniu a

Tá dearadh an stíl an chuid is mó ar an eolas de sreang deilgneach .

An príomh -athruithe a rinneadh le sreang deilgneach

ós rud é go bhfuil na 1870í bhí chun gortuithe a laghdú trí mhéadú

infheictheacht . Mar shampla , Jacob agus Warren Brinkerhoff

a tugadh isteach sreanga twisted agus cothrom i 1879 agus 1881 . An

Mheiriceá Cruach agus Wire Cuideachta tháinig deireadh thiar

an monaróir ceannasach . Rialú siad gach gné

de tháirgeadh ó tháirgeadh na slata cruach a dhéanamh

go leor sreang agus ingne táirgí éagsúla ó sé .

Tá sreang dheilgneach Bhí tionchar sóisialta agus eacnamaíocha tábhachtacha ,

go háirithe san Iarthar Mheiriceá . Thug sé an deis do ranchers

cuir a gcuid talún agus a theorannú roimhe tréada saor -raoin

eallaigh . Sé tionchar mór freisin na slite beatha na Dúchasach

Meiriceánaigh a thug sé an leasainm mo dhiadh Diabhail

téad . Tá sreang dheilgneach le feiceáil freisin ar úsáid fhorleathan i cogaíochta ,

ag tosú leis an Spáinnis -Mheiriceánach Cogadh i 1898 . I

An Chéad Chogadh Domhanda , an umar mar is eol dúinn é go raibh invented a bain trí chosaintí sreang deilgneach .

báistí

Tribes Meiriceánach Dúchasach i cuan Amazon curtha

ag baint úsáide as an holc agus chrainn rubair a dhéanamh ar éadaí uiscedhíonach

do na céadta bliain . Na Síne ársa a úsáidtear go leor

ábhair le haghaidh a dhéanamh cábaí báisteach uiscedhíonach , amhail tuí ,

cíb, agus silvergrass Síne . Faoi thús na

Ming Dynasty (1368 - 1644) , baineadh úsáid as cótaí ola ilchasta .

Rinneadh na déanta as fabraicí mhaith gnáth síoda , ach déileálfar

le ola buí (tung ola) uisce a repel .

Luibheolaí na Fraince François Fresneau úsáidtear rubar do

uiscedhíonta fabraice tar éis féachaint Meiriceánaigh Dhúchasacha i

Guáin na Fraince ag déanamh an céanna . Sa bhliain 1763 , chuir sé síos

conas a bhí ullmhaithe aige éadach uiscedhíonach trí dipping sé i

réitigh de rubar le tuirpintín mar thuaslagóir . na hAlban

Rinne dochtúir John Syme turgnaimh den chineál céanna i 1821 .

An chéad Raincoat , áfach , ní raibh a úsáid rubair . Déanta ag G.

Fox Londain i 1821 , bhí sé ar a dtugtar Uisceach Fox agus a úsáid

Gambroon , le cineál éadach línéadach .

Iarrachtaí Luath ag baint úsáide as rubar a bhí nár éirigh

mar athraíonn an cruas rubar nádúrtha le

teocht . Seo rinne na héadaí deacair a chaitheamh . na hAlban

poitigéir Charles Macintosh fuair an réiteach i 1823 .

I gceist le próiseas Macintosh ar sandwiching sraith de rubair múnlaithe idir dhá shraith fabraice go raibh

curtha brushed le rubar tuaslagtha i nafta . a chéad

Ba custaiméir an míleata na Breataine . Go deimhin , tá báistí fós

ar a dtugtar Mackintoshes nó Macs sa Ríocht Aontaithe .

Sa bhliain 1839 , d'fhorbair Meiriceánach Charles Goodyear bolcánaithe

rubair , a bhfuil níos mó elastic agus níos éasca a mold . Béarla

monaróir Thomas Hancock úsáid as an rubar bolcánaithe

chun feabhas a chur ar Raincoat Mackintosh i 1843 . Mheiriceá

cuideachtaí a tugadh isteach ar an bpróiseas calendering i 1849

inar ritheadh éadach Macintosh idir téite

rollóirí chun é a dhéanamh níos solúbtha agus uiscedhíonach .

Le linn an Chéad Chogadh Domhanda , aireagóir Thomas Béarla Burberry

Chruthaigh an cóta trinse uile - aimsire . Bhí sé déanta de chineál

de chadás ainmnithe gabardine a invented Burberry agus

Próiseáladh ceimiceach báisteach a repel . Tá na cótaí trinse

Rinneadh ar dtús do shaighdiúirí , ach bhí tóir

le go leor sibhialtaigh tar éis 1918 .

Fabraicí Ola - cóireáilte , de ghnáth cadáis agus síoda , tháinig

tóir sna 1920í . Mar shampla , bhí oilskin rinne

scuabadh ola rois ar fhabraic , a rinne an repel éadach

uisce . Báistí déanta as vinil , níolón agus plaisteach tháinig

tóir tar éis an Dara Cogadh Domhanda . Báistí nua-aimseartha a dhéantar

ó ábhair éagsúla ard- ardteicneolaíochta mhaith Gore-TeX agus microfibre .

rothair

Gearmáinis Baron Karl von Drais chum an chéad praiticiúla

rothar i 1817 . Drais ' draisienne , velocipede , nó hobbyhorse

Bhí gléas dhá - rothaí gan aon pedals . an marcach

inneallghluaiste sé ag brú ar a chosa i gcoinne an talamh .

Velocipede Drais ' spreag na Fraince metalworker (ceachtar

Ernest Michaux nó Pierre Lallement) a chur cromáin rothlacha

agus pedals ar an mol roth tosaigh thart ar 1863 , ag cruthú

an chéad cos - oibrítear rothar nua-aimseartha . Sa bhliain 1868 , Michaux

agus bhí Chuideachta an táirgeoir mais an chéad rothar .

A gcuid frámaí docht agus rothaí iarainn - banded thug dóibh an

boneshakers leasainm tuairisciúil . feabhsúcháin déanaí

Áiríodh boinn rubair soladach agus imthacaí liathróid .

Eugene Meyer sa Fhrainc agus James Starley i Sasana

chum an ard - rothar , gnáth , nó pingin - feoirling

thart ar 1870 . Bhí sé roth tosaigh mór a thaistil

tuilleadh le gach uainíocht ar an pedals . bhí Ordinaries

go tapa ach an- neamhshábháilte . Mar sin féin , Sasanach Thomas

Stevens rode amháin timpeall an domhain idir 1884 agus 1886 .

Sa bhliain 1885, tháirg John Kemp Starley an chéad rathúil

sábháilteachta rothair , an Rover . Tá sé le feiceáil roth tosaigh instiúrtha ,

rothaí cothrom meánmhéide , agus feachtas slabhra an roth cúil . Faoi 1890 , bhí sé go hiomlán in ionad an ard - Wheeler .

Idir an dá linn , i 1888 , ainmníodh tréidlia Éireannach John

Bhí invented Dunlop an t-aer - líonadh , boinn rubair aeroibrithe le

dhéanamh ar a chuid mac óg ar trírothach compordach . Ghlac

don rothar sábháilteachta , rud a chiallaíonn sé níos éadroime agus smoother .

Faoi thús an 20ú haois , bhí clubanna bicycling

stocaireacht le haghaidh bóithre níos fearr , literally réitigh an bealach do na

gluaisteán a sheachaint. Adolph Schoeninger thosaigh an Roth an Iarthair

Oibreacha i Chicago sé ar thús cadhnaíochta olltáirgeadh

modhanna chun a chuid rothair Corrán a ísliú mór tagtha ar

praghsanna agus ina dhiaidh spreag Henry Ford . An rothar sábháilteachta

mná liberated ó bhaile agus sriantach

gúnaí . Famous feimineach Susan B. Anthony dúirt , ' I mo thuairimse,

[bicycling] atá déanta níos mó mná ná emancipate

aon rud eile sa domhan . ' Frances Willard , wellknown eile

feminist , a dúirt ' ní ba mhaith liom dramhaíola mo shaol i cuimilte

nuair a d'fhéadfadh é a iompú isteach i móiminteam . ' I 1895 , Annie

Tháinig Dhoire an chéad bhean a rothar ar fud

ar fud an domhain .

An derailleur (shifter fearas) le fáil sa chuid is mó nua-aimseartha

Forbraíodh rothair sa Fhrainc idir 1900 agus 1910 .

Le shifters fearas leictreonach agus solas , aerdinimiciúil

frámaí déanta as snáithíní carbóin , tá an lae inniu an- rothair

sofaisticiúla agus níos mó tóir ná riamh .

Lucht déanta ICE CREAM -

Tá roinnt contenders do aireagán an luath-

déantóir uachtar reoite , ó Néaró impire Rómhánach cáiliúil

leis na Síne a mhaíonn gur iasacht Marco Polo a n-

oideas agus tugadh isteach é chuig an hEorpaigh . Tá ann freisin

cuntais go leor de na Milseoga déanta as torthaí measctha

le sneachta sa Laidin agus ársa Gréagach Litríocht araon .

A lán daoine difriúla curtha chun sochair leis an aireagán

an chéad déantóir uachtar reoite nua-aimseartha . Aontaíonn go leor staraithe

gur i 1843 , tháinig Mheiriceá Nancy M. Johnson suas le

dhearadh le haghaidh déantóir oighir - uachtar láimhe - cranked .

Bhí a smaoineamh atá bunaithe ar eolas praiticiúil . i gceist sé

ag baint úsáide as dhá cannaí , ceann amháin níos lú ná an ceann eile , ionas go mbeidh an

D'fhéadfaí an chéad cheann a chur taobh istigh an dara is féidir . an níos mó

Is féidir le Líonadh le salann agus oighear . Bhí an féidir níos lú líonadh

le meascán de bainne , blas , agus siúcra . A crank le

Cuireadh paddle a mheascadh taobh istigh an meascán de bainne agus

blaistithe chun cabhrú le churn na comhábhair . An salann Chabhraigh

a chobhsú an oighear mar a bhí an meascán churned i gcónaí ,

casadh sé isteach ar comhsheasmhacht creamy réidh . an próiseas

Chuidigh a ghearradh síos ar an am a tháirgeadh uachtar reoite , ach

Ní raibh Johnson shealbhú ar di paitinne . Fuair sí $ 200 le haghaidh

h -aireagán ó William Óga , a ainmníodh é an Johnson Paitinne Oighear - uachtar reoite .

Roinnt éileamh freisin go Augustus Jackson , cócaire ag an Bán

Teach i Washington DC , chum an chéad uachtar reoite

déantóir i 1832 . Tá sé Creidtear gur sheirbheáil Jackson Icecream coimhthíocha

blasanna mar Milseoga ag dinnéir stáit Teach Bán

do aíonna Chéad Mhuire Dolley Madison ar . experimented sé

leis an bpróiseas déanta uachtar reoite , ag iarraidh a dhéanamh níos lú é a

laborious , agus tháinig suas le teocht rialaithe ,

córas paddle - bhunaithe a úsáid oighear agus salann . chuidigh sé seo

chun revolutionize an mbealach a bhí oighear - uachtar a rinneadh ag an Bán

Teach , ach ní raibh aon am chun paitinne a smaoineamh .

A lán daoine a chuir leis an éabhlóid an Icecream

lucht déanta ó shin i leith . Roinnt ranníocaíochtaí suntasaí

I measc reoiteoir , ach amháin le haghaidh oighir reo , arna fhorbairt ag

Agness B. Marshall Londain . D'fhéadfadh sé a reo pionta oighir

i faoi chúig nóiméad . Aireagóir hAfraice -Mheiriceánach Alfred

L. Cralle Tá creidiúnaithe leis inventing an múnla Ice Cream -

agus Disher i 1897 . Chabhraigh a aireagán a choinneáil uachtar reoite

as na ballaí an choimeádáin agus bhí éasca a oibriú .

Meiriceánach Jacob Fussell seiftithe ar Icecream Johnson

Reoiteoir agus thóg an chéad rath tráchtála

gléasra oighir - uachtar i 1909 a tháirgtear 30 milliún galún

uachtair reoite gach bliain .

Lucht déanta Caife

An stair an déantóir caife , ar nós go leor aireagán ,

Tá roinnt snáitheanna . Is féidir a mbunús a rianú siar go dtí an

Oileáin na dTurcach , a bhfuil ar eolas go bhfuil brewed caife mór mar

luath agus is 575 AD . Cad a tharla idir sin agus an

Ní go luath sa 19ú haois an- soiléir . Mar sin féin , an luas

d' fhorbairt luathaithe uair an chéad caife nua-aimseartha

Bhí invented percolator thart ar 1818 .

Is féidir leis an bunús an chéad déantóir caife nua-aimseartha a rianú

ar ais go dtí an Fhrainc . Tá gléas ar a dtugtar mar biggin , ar - leibhéal a dó

Bhí poured pota caife ina uisce isteach sa uachtair

seomra a dhraenáil trí perforations sa níos ísle

seomra agus isteach i bpota caife , is dócha go raibh an chéad drip

déantóir caife . Ag an am céanna aireagóir eile Fraincíse

tháinig suas leis an percolator pumpála . seo caife

déantóir iachall fiuchphointe uisce in urrann níos ísle

a bhogadh suas feadán , agus ansin trickle trí talamh

pónairí caife ais isteach sa urrann níos ísle . Go dtí

na 1950í , bhí fearr síothláin caidéalaithe den sórt sin

ag go leor déantóirí baile , cowboys , agus ceannródaithe i

Stáit Aontaithe Mheiriceá . Sa bhliain 1840 , bhí an Meaisín Fholúis Napier

isteach . Cé go raibh an brewer casta a oibriú , é a

d'fhéadfaí a dhéanamh pota caife soiléir - rud éigin go bhfuil gach

duaiseanna leannán caife . An brewer bhfolús a úsáidtear chun teas uisce a fhiuchadh i mboth níos ísle ,
rud a leathnú

agus iallach a chur chun bogadh suas trí feadán caol isteach ar urrann uachtair go raibh caife talamh .

Nuair a bhí an caife brewed chun sástacht , an teas

Bheadh a scor . An bhfolús a cruthaíodh mar thoradh ar

Bheadh sé seo cabhrú a tharraingt ar an caife brewed ar ais isteach sa

seomra níos ísle trí strainer . Napier caife Fholúis

Tá lucht déanta fós tóir lá atá inniu ann .

James Nason Massachusetts , Stáit Aontaithe Mheiriceá , Tá creidiúnaithe leis an

dearadh ar percolator luath caife i 1865 , ach bhí sé

Meiriceánach eile ainmnithe Hanson Goodrich a chum

an percolator sorn - top nua-aimseartha . Fuair sé paitinn

as a chuid aireagán ar 16 Lúnasa 1889. Bhí an dearadh an-

cosúil leis na cinn a dhíoltar lá atá inniu ann . Leaganacha Leictreach ar

Forbraíodh an percolator sorn - top i ndeireadh - 1800í .

Tomhaltóirí grá dóibh, ós rud chuir sé ar chumas iad a POT a brew

tar éis pota caife gan a bheith chun déileáil le sorn .

An t-aireagán an tUasal Caife , an chéad ó thaobh na tráchtála

déantóir caife rathúil uathoibríoch - drip , i 1972 ,

revolutionized ar an mbealach go bhfuil caife brewed . Bhí sé chomh coitianta

le tomhaltóirí go raibh síothláin beagnach imithe in éag .

Fiú sa lá inniu , tá an chuid is mó lucht déanta caife drip ach athruithe

an dearadh an tUasal Caife .

blenders

Sa bhliain 1919 , Stephen J. Poplawski , úinéir an Stevens

Leictreach cuideachta , a bhí faoi chonradh leis an Arnold

Cuideachta Leictreach do dhearadh deoch - mixers . Le linn

tréimhse seo , tháinig sé suas le dearadh nuálach , a

Baineadh úsáid ar dtús chun Horlicks shakes bainne malted ag meascán

fountains Soda . Sa bhliain 1922 , fuair sé paitinn chun é . sé freisin

tháinig suas leis an dearadh le haghaidh cumascóir liquefier timpeall

an tráth céanna a chuirfear nua deoch - meascthóir .

Sna 1930í , a cruthaíodh Meiriceánach Fred Osius de chineál nua

de cumascóir trí fheabhas ar dhearadh Poplawski ar . sé

Chuaigh ceoltóir tóir , Fred Waring , a mhaoiniú

agus a chur chun cinn a dhearadh , an Meascthóir Miracle , i 1933 . Fred

Waring athdhearadh sé trí fheabhas a chur ar an dearadh ais scian

agus ina saothraítear rónta jar agus scaoileadh a leagan - an féin Waring

Blendor , i 1937 . Bhí sé go tapa ina huirlis riachtanach i

ospidéil agus clinicí d'ullmhú bianna aiste bia sonracha agus

chabhraigh go mór i dtaighde bunúsach eolaíoch . Dr Jonas Salk

úsáidtear é chun ceann a fhorbairt ar an rath leighis go hiontach

scéalta de na céad - an chéad vacsaín pholaimiailítis 20 bhéal .

Sa bhliain 1937 , WG Barnard de Vitamix isteach de chineál nua

de cumascóir ar a dtugtar freisin mar an cumascóir a úsáid ar dhosmálta

jar cruach in ionad an ghloine Piréis a úsáidtear i jar cumascóir Waring ar . Sa bhliain 1946 , John Oster an Bearbóir Trealamh Oster

Cuideachta cheannaigh Poplawski ar Stevens Leictreach cuideachta

agus thosaigh a dhearadh a cumascóir féin , an Osterizer ,

a fuarthas i ndiaidh ag Táirgí Sunbeam i 1960 .

Blenders Osterizer Traidisiúnta dhíoltar fós sa lá atá inniu .

Timpeall an am céanna , aireagóirí san Eoraip agus an Bhrasaíl

tháinig suas leis an gcuid éagsúlachtaí féin ar an cumascóir . Sa bhliain 1943 ,

Traugott Oertli , ar na hEilvéise náisiúnta , a ceapadh cumascóir , an

Turmix Standmixer , bunaithe ar an dearadh Waring Blendor .

Tháinig Oertli freisin suas le fearas , an juicer Turmix ,

in ann a bhaint an sú na glasraí agus torthaí .

Thosaigh sé ag díol seo mar cúlpháirtí lena Turmix

cumascóir . Sa bhliain 1944 , Brasaíle Waldemar Clemente , úinéir

an Walita Cuideachta Fearas Leictreach , tháinig suas

leis an neodrón Walita cumascóir bunaithe ar an Turmix

Standmixer . Clemente Tá sochair freisin le teacht suas

le liquidificador , focal a sheasann fiú lá atá inniu le haghaidh

cumascóir sa Bhrasaíl . Waldemar Clemente fuair an

paitinní a blenders agus juicers sa Bhrasaíl Turmix agus a úsáid

Straitéis margaíochta na hEorpa Turmix a dhíol níos mó ná

milliún blenders ag na 1950í luatha . Ag an am céanna ,

Walita thosaigh blenders déantúsaíochta do Philips , Sears ,

Siemens , Turmix , agus go leor cuideachtaí níos mó . Sa bhliain 1971 ,

Ríoga Philips Co fuarthas Walita , a tháinig chun bheith ina chuid

de roinn fearas cistine Philips ' .

strainers TAE

Strainers Tae nó infusers a úsáidtear a ghabháil duilleoga tae scaoilte

cé go stealladh amach tae . Is féidir a stair a rianadh siar go dtí

na Síne a d'fhorbair strainers bambú a bhaint

duilleoga tae fliuch ó pota cré , sa 10ú haois RC . ach

Ní raibh sé go dtí an 17ú haois a rinne tae a bhealach ó

TSín i seomraí líníocht de na uaisle na Breataine . le

Tháinig a theacht i gcultúr na Breataine ar an aireagán an chéad

strainers tae nua-aimseartha . Rinneadh siad déanta de airgid sterling

(cóimhiotal ina bhfuil 92.5 faoin gcéad agus 7.5 faoin gcéad airgid

copar de réir maise) , agus den chuid is mó in úsáid ag an uachtair Béarla

ranganna . Ní raibh sé go dtí go luath sa 20ú haois go tae

tháinig chun bheith ina dí tóir ar an Ríocht Aontaithe agus strainers tae

thosaigh a bheith mais - tháirgtear . Faoin am sin bhí na Breataine

ag déanamh cineálacha éagsúla strainers - roinnt mór go leor

a d'oirfeadh taephota , daoine eile beag go leor a d'oirfeadh i standardsized

teacups .

Tá roinnt cineálacha de strainers atá ar fáil lá atá inniu ann ,

cé go bhfuil siad go léir á bhagairt ag an uileláithreach

mála tae .

Tá strainer pirimide, atá mar an t -ainm le fios

pyramidal i gcruth , déanta as mogalra . Tá duilleoga Tae

isteach taobh istigh den pirimid agus ansin sáite i fiuchphointe uisce . An bun na pirimide osclaíonn ionas go mbeidh an úsáid

Is féidir le duilleoga a bhaint go héasca .

Tá Liathróidí Tae sféarúil i gcruth agus ag obair ar an gcéanna

prionsabal mar strainers tae pirimide . Is é an difríocht go

oscailt siad suas i lár . Tá siad ar fáil i éagsúla

ábhair cosúil le miotail , mogalra , agus cruach dhosmálta .

Strainers Spúnóg breathnú cosúil le spúnóg clúdaithe déanta de mhiotal

le poill bheaga peppering sé . Is iad seo de ghnáth níos lú

ná an liathróid Tae agus pirimid strainers agus nach bhfuil i ndáiríre

i gceist le haghaidh brewing cupán láidir tae .

Tá tlúnna Tae Láimhseálann fada go oscailt an strainer ar an

os coinne deireadh nuair a brú . Strainers níolón suí ar bharr

teacup ionad a bheith tumtha taobh istigh . Tá Tae steeped

i fiuchphointe uisce agus ansin poured isteach cupán tríd an

strainer , a stopann na duilleoga as a thagann isteach sa chupán .

Strainers Tae - bata bhfuil cruth cosúil le pinn miotail le poill

iontu . Ní mór dóibh a bheith báite i cupán te uisce ,

leis na duilleoga tae a chur taobh istigh .

Last ach ní a laghad bhfuil an strainer nuachta , a oibríonn cosúil le

Tá aon strainer eile ach atá ar fáil i réimse de mhéideanna agus

cruthanna cosúil le Teddy Bears , dinosaurs , agus hearts .

MILSEOIRÍ SAORGA

Ba Siúcra luaidhe nó luaidhe aicéatáit an-an chéad siúcra

ionadach , a úsáidtear go forleathan ag na Rómhánaigh ársa i gcuid

fíonta agus subha . Ach léiríonn staidéar anois go bhfuil sé tocsaineach .

Daoine cáiliúla, mar Pápa Clement II 1047 , fiú

a fuair bás de nimhiú luaidhe aicéatáit . Sa lá atá inniu tacair de shé siúcra

Tá i gcoiteannas úsáid - stevia , aspairtéime , sucralose ,

neotame , potaisiam aicéasuilféime , agus sacairín .

Tá Stevia a bhaintear as na duilleoga de phlandaí stevia agus tá

Baineadh úsáid mar mhilsitheoir nádúrtha i Meiriceá Theas do

céadta bliain . Ní chuireann sé faoi deara leibhéil glúcóis fola a mhéadú

tar éis ithe (náid innéacs glycemic) agus tá náid calories .

Mar sin, tá sé ag éirí go tapa tóir i go leor tíortha .

Ceadaíodh milseoir stevia - bhunaithe ainmnithe truvia i

na Stáit Aontaithe i 2008 .

Eolaí Meiriceánach James M. Schlatter ag an Searle GD

Cuideachta fuair salann aspairtéime i 1965 . Bhí sé ag obair

ar drugaí frith - ulcer agus thaisme doirte roinnt

aspairtéime ar a lámh . Ligh sé ansin a mhéara agus

faoi deara blas milis . Go deimhin , tá aspairtéime thart ar 200 uair

chomh milis le siúcra . Tá sé a dhíoltar mar Comhionann , NutraSweet , agus

Canderel . Níl sé an- oiriúnach le haghaidh bácála mar bhriseann sé

síos agus a thiocfaidh chun bheith níos lú milis nuair a théitear . Is sucralose siúcra chlóirínithe atá thart ar 600 uair

chomh milis le siúcra gnáth . Bhí sé amach trí thimpiste

i 1976 ag taighdeoirí Leslie Hough agus Shashikant

Phadnis ag Banríona Eilís Choláiste i Londain . amháin

lá Hough inis Phadnis a thástáil siúcra chlóirínithe

cumaisc . Phadnis misheard agus shíl mé go Hough

iarr air chun blas air agus a fuair an cumaisc a bheith

heisceachtúil milis . Ba é an táirge go tapa tóir

ós rud é fhan sé milis nuair a théitear , agus d'fhéadfaí iad a úsáid

do bácála agus friochadh . Brandaí coitianta de sucralose

I measc na Splenda , Siúcra Saor Natura , Sukrana , SucraPlus ,

agus Nevella .

Cuireadh shintéisiú Sacairín i 1879 ag poitigéirí Ira Remsen

agus Constantin Fahlberg ag Ollscoil Johns Hopkins i

Baltimore , Maryland . Bhí sé amach freisin trí thimpiste ,

reportedly , nuair a thug Fahlberg blas milis ar a

lámh tráthnóna amháin . Sa bhliain 1884 Fahlberg paitinnithe agus ainmnithe

an cumaisc . D'fhás sé ina dhiaidh sin saibhir ó ar a fhionnachtain ,

ach ní admhaigh ról Remsen i sé . sacairín

an chéad bhí coitianta le linn an Chéad Chogadh Domhanda , nuair a

Bhí ganntanas siúcra . Tá sé 300-500 uair sweeter ná

siúcra ach fágann aftertaste searbh nó mhiotalacha . an chuid is mó

Tá branda tóir Mheiriceá lá atá inniu ann saccharine Sweet ' N

Íseal .

bainne comhdhlúite

Tá bainne comhdhlúite bó bainne as a bhfuil uisce

a bhaint astu. Tá sé de ghnáth milsithe le siúcra ,

a ardaíonn a seilfré trí chosc ar an bhfás

microorganisms .

Ba bainne Óil riosca suntasacha sláinte roimh an

19ú haois . Díreach Bainne ó na bó millte laistigh

uair an chloig i rith an tsamhraidh agus galair ba chúis ar a dtugtar

an milksick , nimhe bainne , na slows , an trembles , agus an

olc bainne . Chun dul i ngleic leis na galair , Francach Nicolas

Appert comhdhlúite bainne don chéad uair , i 1820 .

Sna Stáit Aontaithe , bainne comhdhlúite le feiceáil ach amháin i

1853 , arna dtáirgeadh ag feirmeoir déiríochta ainmnithe Gail Borden

Jr I 1852 , bhí Borden ag filleadh , ar muir , ó turas go dtí

Sasana nuair a tháinig na ba ar an long ar a shealbhú ró-

seasick le crú agus mar gheall ar seo , ar imirceach

naíonán bás . Bhí devastated Borden an bás agus

Thosaigh iarraidh a bainne amh a chaomhnú . Faoi dheireadh bhí sé

spreagtha ag an uile bhfolús aerdhíonach in úsáid ag na Shakers ,

grúpa reiligiúnach , a condense sú torthaí , agus bhí sé in ann

bainne a laghdú gan scorching nó a curdling é . a chéad

bainne comhdhlúite mhair trí lá gan spoiling . Deonaíodh Borden paitinn do milsithe , comhdhlúite

Ní raibh bainne i 1856 . Ach an táirge go maith faighte ag

an pobal a bhí in úsáid a watered -síos go dtí bainne , le

Cailc breise i gcás mbáine agus moláis do raimhre uachtarúil .

Siad gearán mar gheall ar an chuma agus blas

bainne comhdhlúite . Táirge bunaidh Borden , a bhí

déanta as bainne bearrtha agus cothaithigh ní raibh , bhí

fiú milleán rannchuidiú le rickets comhaimseartha

eipidéim i leanaí .

Mar thoradh air sin , theip ar an chéad Borden ar dhá monarchana agus gan ach an

tríú , i Wassaic , Nua- Eabhrac , a tháirgtear a táirge inúsáidte

go raibh fada buan agus is gá aon cuisniúcháin .

Bhí a ngnó chabhraigh gan choinne le píosa

iriseoireacht imscrúdaithe i Leslie ar léirithe Nuachtán .

Lé an tuarascáil ar an bhfíric go bhfuil leibhéal iomaíocht

Cuireadh soláthróirí bainne úr bheathú bó Nua-Eabhrac ar

braichlis drioglann chun costais a laghdú .

Faoi 1858 , bainne Borden ar , a dhíoltar mar an Bhranda Eagle , bhí a fuarthas

cáil ar íonachta , marthanacht , agus an gheilleagair . Éileamh

bhí bunaithe freisin ag an Cogadh Cathartha Mheiriceá . An US

D'ordaigh an rialtas méideanna ollmhóra bainne comhdhlúite mar

chandam réimse le haghaidh saighdiúirí an Aontais i rith an chogaidh . Saighdiúirí

ag filleadh abhaile scaipeadh ansin an focal agus bainne comhdhlúite arb

tháinig chun bheith ina tionscal mór ag na 1860idí déanacha .

TAE MÁLAÍ

An chéad phaitinn do mála tae , dar teideal Tae - Leaf Sealbhóir ,

Eisíodh Roberta Lawson agus Mary McLaren ar

Milwaukee , Wisconsin , i 1903 . N aireagán , a

Cuireadh pouch beag déanta as fabraic oscailte - mogalra , d'fhéach

riamh cosúil le málaí tae nua-aimseartha , ach bhí a mhonaraítear .

Málaí Tae chuma ar bhonn tráchtála ar fud 1904 , ach bhí sé

an tae agus siopa caife ceannaí Thomas Sullivan ó

Nua- Eabhrac a chur ar an margadh iad den chéad uair go rathúil .

Ag dul ar an 20ú haois , bhí tae i bhfad níos mó

daoire ná lá atá inniu ann agus an- prized leis na forálacha sin

D'fhéadfadh thabharfaidh sé leis. Sa Nua-Eabhrac , custaiméirí ag fanacht go fonnmhar

gach lasta nua ón India agus an tSín . Nuair a bheidh a dhéanaí

loingsiú tháinig i bport , bheadh trádálaithe tae mhaith Sullivan

sheoladh amach samplaí , ag baint úsáide as stáin miotail beag a shealbhú ar an tae .

Finscéal Tá sé go raibh Sullivan annoyed ag an ard

costas na cannaí agus aistrigh go málaí beag síoda lámh- fuaite

i mí an Mheithimh 1908. bhí ceaptha do chustaiméirí a bhaint as an

tae scaoilte ó na málaí beag a brew sé , ach tá roinnt fuair sé

éasca le titim go díreach na málaí a líonadh isteach in uisce te . realizing

cé chomh áisiúil raibh a leithéid de mála indiúscartha simplí , siad

luath thosaigh a iarrann a tae sa bpacáistiú , i bhfad

chun iontas Uí Shúilleabháin ! Rud amháin gur bhain siad gearán a dhéanamh

faoi ná go raibh an mogalra ar na málaí síoda ró-fíneáil . Mar fhreagra , d'fhorbair Sullivan sachets déanta as uige ,

a bhí an chéad málaí críche de dhéantús an tae .

Ar an drochuair theip Sullivan a chur amach ar phaitinn ar a

Tá aireagán agus beag atá ar eolas ar cad a tharla dó

nó a chuideachta ina dhiaidh . Daoine eile a thuig luath agus a tráchtála féideartha agus thosaigh experimenting eile

cineálacha na n-ábhar lena n-áirítear cheesecloth , ceallafán , agus

páipéar pollta . Cuireadh Meaisíní invented freisin a chur in ionad

an fuála lámh na málaí tae .

Le linn na 1920í , thosaigh málaí tae a bheith mais - tháirgtear agus

D'fhás sa tóir sna Stáit Aontaithe . Sa lá atá inniu Tá málaí tae den chuid is mó

déanta as snáithín páipéir . Bhí sé William Hermanson , ceann amháin

de bhunaitheoirí Teicniúil Páipéir Corparáide de Boston ,

a chum na málaí tae teas - séalaithe snáithín páipéar . Sa bhliain 1930 ,

Hermanson dhíol a paitinne chuig an SALADA Cuideachta Tae .

Ní raibh an mála tae dronuilleogach invented go dtí 1944 . Roimh

leis seo , resembled málaí tae saic beag . Bhí sé Tetley go

a tugadh isteach málaí tae sa Bhreatain sa bhliain 1953 , agus bhí go tapa

le leanúint ag comhlachtaí eile . Faoi 2007 , málaí tae déanta suas

phenomenal 96 faoin gcéad ar an margadh na Breataine .

Caife toirt

Caife láithrigh , ar a dtugtar freisin caife intuaslagtha nó púdar caife ,

a mhonaraítear ag reo nó sprae thriomú brewed caife

pónairí . Féadfaidh an leagan is luaithe de caife an toirt

invented thart ar 1771 , sa Bhreatain . DTagraítear mar

cumaisc caife , gur deonaíodh é ar phaitinn ag na Breataine

rialtas . Forbraíodh an chéad leagan Meiriceánach

i 1853 agus leagan turgnamhach a bhí ar dtús de réir tástála acmhainne i

Foirm císte , le linn Chogadh Cathartha Mheiriceá .

Bhí invented agus A cineál caife an toirt nó intuaslagtha

paitinnithe i 1889 ag an tUasal David Strang de Invercargill ,

Nua- Shéalainn . Bhí sé a dhíoltar faoin ainm trádála

Caife Strang ar , ag lua a phróiseas Tirim te - Aeir paitinnithe .

Satori Kato , eolaí Seapáinis ag obair i Chicago i

1901 , invented le táirge dá shamhail baint úsáide as próiseas a bhí aige

ar dtús le haghaidh a dhéanamh tae ar an toirt .

An poitigéir Béarla ainmnithe George tairiseach Louis

Washington fhorbair sé próiseas caife féin toirt

i 1906 . A branda púdar caife , ainmnithe Red E Caife ,

Cuireadh ar an margadh den chéad uair i 1909 . mó atá sé an margadh i

na Stáit Aontaithe ar feadh tríocha bliain atá romhainn cé go bhfuil raibh

a lán daoine a thaitin a blas . Sa bhliain 1938 , Nestlé de

Sheol an Eilvéis an branda Nescafe . Rinne sé feabhsú an blas ag comh - thriomú sliocht caife chomh maith le comhionann

méid Carbaihiodráit intuaslagtha , agus go luath bhí an

an chuid is mó tóir branda caife toirt .

Caife Meandaracha Fuair margadh an toirt sa míleata .

I Chéad Chogadh Domhanda leasainm roinnt saighdiúirí sé ' cupán

Seoirse. ' Smaoinigh ar seo, ceanglófar ó saighdiúir Meiriceánach ,

scríobh abhaile ó na trinsí i 1918 :

Tá mé an- sásta in ainneoin na francaigh , an bháisteach , an láib , na dréachtaí

[sic] , an roar an gunna agus an scread na sliogáin . Bíonn sé

ach nóiméad chun solais mo téitheoir ola beag agus a dhéanamh ar roinnt George

Washington Caife ... Gach oíche a thairiscint mé suas achainí speisialta a

sláinte agus dea-bhail [Mr Washington] .

De réir an Dara Cogadh Domhanda , bhí incredibly tóir caife toirt

le saighdiúirí . G. Washington Caife , Nescafe , agus daoine eile

go léir a bhí tagtha chun cinn chun freastal ar an éileamh . Ard - bhfolús

Forbraíodh caife Gníomhacha -triomaithe go gairid tar éis an Dara Cogadh Domhanda

II . Faoi 1950 , bhí modhanna ceaptha ag an gCuideachta Borden

ag déanamh sliocht caife íon gan Carbaihiodráit breise ,

caife toirt níos mó tóir . Sa bhliain 1963 , Maxwell

Thosaigh Teach margaíochta reo - triomaithe gráinníní , a tasted

níos mó cosúil le caife freshly brewed . Sa lá atá inniu , thart ar 15 faoin gcéad de

Tá tomhaltas caife US i bhfoirm toirt .

is féidir openers

Faoi 1822, bhí bia stánaithe fáil sa Bhreatain , an Fhrainc ,

agus na Stáit Aontaithe . An chéad cannaí mheá níos mó ná

an bia atá siad agus osclaíodh baint úsáide as cibé

Bhí huirlisí atá ar fáil ag an am . Na treoracha ar na

cannaí léamh ' Gearr thart ar an barr in aice leis an imeall seachtrach le

chisel agus casúr ' .

Is féidir Tiomnaithe openers le feiceáil sna 1850í agus bhí

primitive claw - chruthach nó dearaí lever - cineál. Sa bhliain 1855 ,

Robert Yeates Londain chum an chéad claw - chruthach

opener . Sa bhliain 1858 , Ezra Warner de Waterbury , Connecticut ,

US , paitinnithe opener lever - cineál. Bhí sé sickle géar ,

bhí bhrúigh a isteach an féidir agus sawed timpeall a

imeall . Ghlac an Arm na Stát Aontaithe an opener le linn na

Meiriceánach Cogadh Cathartha . Ach an sickle scian - mhaith ar sé go raibh ró-

contúirteach le haghaidh úsáid teaghlaigh agus mar sin cléirigh ag siopaí grósaera

oscail gach is féidir sular thóg custaiméirí iad a thabhairt abhaile .

Is féidir leis an chéad rothlach roth - opener bhí paitinnithe i

Iúil 1870 , ag William Lyman de Meriden , Connecticut ,

agus a tháirgtear ag an ngnólacht Baumgarten sna 1890í . an

Cuireadh rothlú roth ghearradh ar fud an féidir ar imeall a ghearradh air .

Ach is gá is féidir leis a bheith pollta i lár dtús . I

1925 , An féidir leis an Star Opener Cuideachta San Francisco , California , feabhas a dhearadh Lyman ar trí dara ,

roth serrated a dtugtar roth beatha , rud a ligeann greim daingean ar

an imeall agus a dhéanamh piercing tosaigh gan ghá .

Openers An féidir - a shealbhú ag an am céanna greim an féidir agus

oscailt , rud a chiallaíonn sé gan ghá a bheith i seilbh an féidir mar go bhfuil sé

á ghearradh . Cuireadh paitinnithe an chéad opener den sórt sin i 1931 ag

an Bhuncair Clancey Cuideachta Kansas City , Missouri ,

agus bhí , dá bhrí sin , ar a dtugtar an Bhuncair . Bhí sé cosúil leis

an dearadh Star ach dúirt greamairí de chineál Láimhseálann do docht

gripping an imeall . Is é seo an dearadh éifeachtach fós in úsáid sa lá atá inniu .

Is féidir leictreach opener cosúil leis an Bhuncair bhí paitinnithe i 1931 ach ní raibh rath a bhí a aimsiú go dtí na 1950í .

Sa bhliain 1866, bhí opener le dearadh go hiomlán difriúil

paitinnithe ag J. Osterhoudt . In ionad de Piercing féidir leis an, Strac sé

thalamh agus rolladh suas stiall réamh - scór díreach faoi bhun an lid . bhí sé

ar a dtugtar eochair toisc go resembled sé ina eochair doras . Sa lá atá inniu den sórt sin

openers a dhíol chomh maith le go leor beag , cannaí tanaí -ballaí .

An féidir openers tá le dearadh simplí agus láidir curtha

fhorbairt go sonrach le haghaidh úsáide míleata . Mar shampla ,

P - 38 agus P - 51 a bhí in úsáid ag Meiriceánaigh le linn Domhanda

Cogadh . Bhí an P - 38 ar a dtugtar freisin mar gheall ar John Wayne

Cuireadh an t-aisteoir uair amháin a thaispeántar ag baint úsáide as ceann amháin i scannán oiliúna .

scáthanna fearthainne cocktail

Is scáth cocktail scáth beag nó parasol a rinneadh

ó pháipéar , cairtchlár , agus toothpick agus úsáidtear mar

garnish nó mar mhaisiú i mhanglaim , milseoga , nó bia eile

agus deochanna . Is é an scáth aimseartha as páipéar agus

Is féidir a bheith patterned le easnacha cairtchláir . Na easnacha atá déanta

as cairtchlár d'fhonn solúbthacht a chur ar fáil le insí

ionas gur féidir leis an scáth fearthainne a tharraing stoptar i bhfad cosúil le

gnáth scáth . Tá fáinne a choinneáil plaisteach beag go minic aimseartha i gcoinne an gas , de ghnáth toothpick , d'fhonn

chun cosc a chur ar an scáth fearthainne folding ó suas go spontáineach .

Tá chum é nuachtán fillte faoi na collar

chun gníomhú mar spacer . Is é seo an nuachtán de ghnáth i gceachtar

TSeapáinis , Sínis , nó i dteanga Indiach , hinting ag an

tionscnaimh scáth ar .

Go deimhin , tá scáthanna fearthainne cocktail a bheith ina ghné thábhachtach i

an cultas an tiki . I gceist leis an cult tiki léirthuiscint

an barra tiki , ar a dtugtar freisin mar barra Polynesian . seo barra

speisialtóireacht i decor oileán , ealaín coimhthíocha , agus trópaiceach

deochanna topped le parasols cocktail agus mhaisiúil eile

paraphernalia . Tá an comh- tiki Bhí lárnach dá

ról unappreciated sa chultúr an Iarthair ar feadh níos mó ná 60

bliana . Ach sula n-úsáid i barraí tiki , tá sé Creidtear go

Bhí scáthanna fearthainne Manglam ar fáil i bialanna Síneacha a léiríonn go bhfuil an parasol , nó ar a laghad an smaoineamh a chur air

i deoch , bhí aireagán Síneach -Mheiriceánach . Is féidir

go raibh siad a ceapadh ar dtús a sciath ciúbanna oighir

laistigh de deochanna ón ngrian. Mar sin féin , iarrachtaí a dheimhniú

na teoiricí le gnólachtaí na Síne agus na Síne -Mheiriceánach

ag díol na scáthanna fearthainne lá atá inniu ann níor éirigh leo.

Is é an scáth cocktail chreidtear a bheith tagtha ar an

tiki radharc barra chomh luath agus is 1932 , cúirtéis Victor J. Bergeron ,

an irascible bunaitheoir aon- legged ar Trádálaí Vic i San

Francisco . Trádálaí Vic is ea mór San Francisco - bhunaithe

slabhra na bialanna Polynesian - stíl . Deochanna a sheirbheáil ar Vic le umbrellas cocktail suas go dtí na 1940í luatha , nuair a

allmhairiú na parasols beag ó monarchana sa Far

Cuireadh stop Thoir ag an ráig den Dara Cogadh Domhanda . Mar sin féin ,

trí admháil Bergeron féin , bhí sé roghnaíodh ar dtús

suas an smaoineamh ón Don slabhra bialann Beachcomber

(dúnta anois) , a bhunaigh an Polynesian - stíl itheacháin

sna Stáit Aontaithe . Nuair a thabharfar , bhí scáthanna fearthainne

mheas an- coimhthíocha , mar a bhí rudaí is mó ó na

Imeall an Aigéin Chiúin . Teagmhasach , invented Bergeron freisin roinnt

deochanna rum -blas a tháinig cáiliúla ar domhan . siad

Bhí ainmneacha cosúil le díoltas Misinéireachta ar , Sufferin ' Bastard ,

agus Mai Tai , rud a chiallaíonn an chuid is fearr an- i Taihítis .

guma coganta

Daoine ag taitneamh as guma coganta ar a laghad 5,000 bliain .

Guma Ársa , déanta as tarra choirt beith , curtha ar fáil i

Na Fionlainne i hinphriontaí fiacail fós ar sé . Na Gréagaigh ársa

agus Rómhánaigh chewed roisín ón gcrann maisteoige ar a dtugtar

mastiche . Cuireadh reputed dá choirt beith agus maisteoige a bheith acu

buntáistí íocshláinte .

Na daoine Maya Mheiriceá Láir a bhí guma

Chicle , a dhíorthaítear ó an holc agus milis an chrainn Sapodilla , ag an 2ú haois AD - . A sliochtaigh Mheicsiceo

Leanadh ar aghaidh guma Chicle . I Meiriceá Thuaidh , go luath

Lonnaitheoirí Eorpacha thosaigh coganta roisín ó crainn sprúis

measctha le céir bheach . Ba é an bonn sprúis de réir a chéile

ionad céir phairifín .

Aireagóir Mheiriceá Thomas Adams invented nua-aimseartha

guma coganta i 1869 . raibh a cheannaigh Adams tonna amháin de

Chicle ó ceannaire Mheicsiceo Antonio López de Santa Anna ,

a bhí ina gcónaí ansin i deoraíocht i Oileán Staten , Nua- Eabhrac .

Bhí a allmhairítear Santa Anna Chicle óna Meicsiceo dúchais ,

ionas go bhféadfadh sé boinn a dhéanamh , ach bhí an- níor éirigh leis.

Chaith Adams ansin níos mó ná bliain ag iarraidh a dhéanamh Chicle isteach

ionadach rubair , ach theip gach uair . Mar sin féin , ceann amháin

lá a chinn sé ath - thángthas is suimiúil fíricí a Chicle spraoi a chew . Faoi mhí Feabhra 1871, Adams Nua- Eabhrac Si , a

Bhí smoother , níos boige agus níos fearr - blaiseadh ná aon paraffinbased

guma , a bhí ar fáil i siopaí drugaí . Laistigh de cúpla

bliana , bhí Adams agus monaróirí eile a dhíol

blasanna éagsúla de guma Chicle - bhunaithe i gcainníochtaí móra .

Mar sin féin , d'fhéadfadh aon guma go luath a shealbhú blas an- fhada . seo

Ní raibh fhadhb a shocrú go dtí 1880 nuair a tháinig William Bán

siúcra le chéile agus síoróip arbhar le Chicle . Meiriceánach

Fiontraithe William Wrigley , Jr agus Frank H. Fleer

tuilleadh forbairtí a rinneadh ar an bhfadhb blas . Wrigley

Wrigley Guma Coganta, a bunaíodh ar Cuideachta i Chicago

i 1891 agus a úsáidtear straitéis margaíochta cliste a bheith ar an branda guma is cáiliúla ar domhan . I gceann cliste den sórt sin

bogadh , phost sé 3 bataí de guma saor in aisce do gach duine atá liostaithe i

an teileafón Meiriceánach eolaire - os cionn 7 milliún duine !

Go leor de a brandaí cosúil go luath Juicy Torthaí , Spearmint agus

Doublemint fós an- tóir lá atá inniu ann .

Sa bhliain 1906 , bhí sé cuideachta Fleer ar Philadelphia - bhunaithe go

Chiclets sheol , an chéad candy cótáilte guma . Sugarfree

guma , molta ag fiaclóirí a tugadh isteach ,

le linn na 1950í . Sna 1960í , laitéis de dhéantús an duine níos saoire

ábhair ionad den chuid is mó Chicle . Mar sin féin , Chicle

fós an focal coitianta le haghaidh guma coganta , i

Spáinnis .

Gumballs

De réir an finscéal , bhí invented an gumball timpeall

tús an 20ú haois ag na Gearmáine gan ainm

grocer i Nua -Eabhrac . Lá amháin , annoyed go raibh a bloic

Ní raibh guma a dhíol , wadded sé suas píosa agus flung sé

ar fud an siopa . An Wad guma thit ansin isteach i mbairille

siúcra agus fuarthas chuma glistening nua .

Léirigh an grocer ansin a fhionnachtain chuig cara , ó

bhfuil a fuarthas ar iasacht sé meaisín díola peanut , ag athrú

a mheicníocht chun liathróidí de guma a ligean thar ceal . Cibé an

Tá scéal fíor nach bhfuil ar eolas , ach bhí supposedly

meaisíní do bata nó guma bloc - chruthach díola chomh luath

mar 1888 . Sa bhliain 1897 , an Chuideachta Déantúsaíochta Pulver

figiúirí beoite chur lena meaisíní coganta mar a leanas

a mhealladh. Mar sin féin , an chéad meaisíní a dhéanamh iarbhír

Ní raibh Gumballs le feiceáil go dtí 1907 , is dócha a scaoileadh

den chéad uair ag an Co Si Thomas Adams sna Stáit Aontaithe .

Ba fiontraí Meiriceánach Frank Henry Fleer ar cheann de na

ceannródaithe go luath guma coganta . I measc a chuid tionscadal go luath

raibh sé ag cruthú guma candy - brata agus a aireagán ,

Chiclets é , tóir fós go forleathan lá atá inniu ann . Fleer bhí ag lorg

i ndáil le cineál níos leaisteacha de guma agus in ainneoin a chéad horribly

iarrachtaí greamaitheach agus messy , chríochnaigh sé ar deireadh thiar suas le

cad a fhios againn mar guma mboilgeog . Oddly leor, bhí sé a chuntasóir , Walter Diemer , atá creidiúnaithe leis a aimsiú ar an

meascán ceart na gcomhábhar a dhéanamh ar an guma leaisteach

go leor chun buille isteach i mboilgeog gan gá tuirpintín

é a bhaint as an craiceann mar a rinne an chéad fréamhshamhlacha Fleer ar!

Diemer bunaithe freisin ar an dath guma traidisiúnta bándearg

trí úsáid a bhaint as an lí ar fáil ach ar an seilf nuair a bhí sé

ag déanamh a chuid concoction . A 1928 cruthú , mboilgeog Dubble ,

tháinig an chéad bubblegum tráchtála rathúil . Tá sé

díoladh ar dtús mar Gumballs leis an ainm stampáilte

ar an sciath candy agus brící níos déanaí chomh beag le grinn

cumhdaigh . Tá sé tóir fós sa lá atá inniu .

Paitinnithe i 1923 , leis an Manufacturing Company Norris

tháirgtear n-líne Máistir na meaisíní gumball chrome

le linn na 1930í . D'fhéadfadh na meaisíní glacadh leis na

pinginí nó nickels .

Monaróir eile go luath de guma do gumball
a bunaíodh sa bhliain 1934 - an Si Ford meaisíní i SAM
agus Meaisín Cuideachta de Akron , Nua- Eabhrac . an Ford
branda na meaisíní gumball Bhí chrome lonracha freisin
dath . Sa lá atá inniu , Gumballs agus na meaisíní iad a chur
Tá i uileláithreach agus i láthair i ngach áit ó Bearbóir
siopaí agus glantóirí tirime le siopaí grósaera agus fiú roinnt
seomraí feidhmiúcháin .

núdail toirt

Taiwanese - Seapáinis gnó Momofuku Ando
invented núdail toirt . Sa bhliain 1958 , bhunaigh sé Nissin
Bianna , atá bunaithe i Osaka , an tSeapáin . Ar feadh na mblianta tar éis dheireadh na
Dara Cogadh Domhanda , bhí ganntanas leanúnach bia i
An tSeapáin , agus Ando , ansin uachtarán bainc , an gconclúid go
Ba ocras an cheist is práinní domhanda a chuid ama . I
1957 , theip ar a bhanc agus thosaigh Ando chun massproduced a fhorbairt
anraith noodle díhiodráitithe (ramen) a réiteach é .
Ina chéad bhliain , ní raibh aon rath ar chor ar Ando . an chuid is mó uaireanta
Ní raibh an uigeacht an noodles tar éis cócaireacht ceart .
Lá amháin , áfach , chaith Ando roinnt de na núdail isteach
ola tempura go raibh téite a bhean chéile chun cócaireacht dinnéar . sé
ansin fuair sé amach go díhiodráitithe flash friochadh na núdail

agus thug dóibh seilfré níos faide . Ní amháin sin, sé freisin

cruthaíodh poill beag bídeach a rinne iad cócaireacht níos tapúla .

Rugadh núdail toirt agus , ag aois daichead is a hocht ,

Ando tús a ghairm bheatha mar an tUasal Noodle .

Cuireadh núdail toirt ar an margadh den chéad uair sa tSeapáin ar 25 Lúnasa ,

1958, faoin ainm branda Chikin Ramen , rud a chiallaíonn sicín

Ramen . Tomhaltóirí glactha go tapa ar an áisiúlacht a bhaineann le

dhéanamh ramen toirt sa bhaile . Bhí sé bia stáplacha i

An tSeapáin agus brandaí eile , cosúil le Maggi Nestlé ar , isteach sa mhargadh . Ando ina dhiaidh sin d'fhéach sé do chustaiméirí idirnáisiúnta .

Ando Bhí a smaoineamh iontach eile ar thuras gnó go dtí an

US i 1966 . Thug sé feidhmeannaigh ollmhargadh i Los

Angeles baint úsáide as a cupáin caife Styrofoam mar ramen babhlaí .

Intrigued, mhacasamhlú Ando na coimeádáin makeshift do

a táirge nua . Sa bhliain 1971 , tugadh isteach Nissin Corn Núdail -

núdail toirt i teas-resistant uiscedhíonach polaistiréin

cupán go bhfuil ach is gá fiuchphointe uisce chun cócaireacht . Corn núdail

Bhí an-rathúil , go háirithe thar lear , i gcás ina babhlaí nó

Bhí chopsticks ar fáil de ghnáth nach bhfuil.

Núdail toirt gur fiú le spás ! Ando forbartha

Spás RAM , le ramen toirt bhfolús - pacáilte a rinneadh

go háirithe le haghaidh spásaire Seapáinis Soichi Noguchi 2005

turas ar an shuttle spás Discovery .

Dar le vótaíocht Seapáine a rinneadh i rith na bliana

2000 , 'Creidim na Seapáine go bhfuil a n- aireagán is fearr de

bhí an fichiú haois noodles an toirt . 'Mar de 2010 ,

Tá thart ar 95000000000 servings noodles an toirt

ithe ar fud an domhain gach bliain . Sin an meán de 14

babhlaí in aghaidh an duine ! Mar Momofuku Ando , a tháinig ina dhiaidh

ina laoch náisiúnta na Seapáine , a dúirt , 'Tá Mankind Noodlekind . '

NEAMH - bata Cookware

Thosaigh an fionnachtain teicneolaíocht neamh - bata le taighde

ar an cuisneoir . Dr Roy Plunkett , ceimiceoir Meiriceánach

ag an ngléasra cinéiteach Ceimiceán , fochuideachta de Dupont , bhí

cuardach le haghaidh ceimiceán níos lú tocsaineach a úsáid mar cuisneán .

Sa bhliain 1938 , concocted Pluincéad meascán a bhí i gceist go dtí

tháirgeadh gáis tetrafluoroethylene agus d'fhág sé thar oíche ag

teocht íseal agus faoi bhrú . An mhaidin dár gcionn ,

tháinig sé ag an obair a aimsiú bán , substaint waxy ionad

de na gáis go raibh súil aige . An substaint nua a bhí

polaiméir - polytetrafluoroethylene (PTFE) . Bhí sé go tapa

Aithnítear mar sleamhain go heisceachtúil agus ceimiceach

substaint thámh . Dupont trademarked an bpróiseas agus

ceimiceacha mar Teflon i 1945 .

Faoi 1951 , bhí forbartha Dupont iarratais tráchtála

do Teflon sa mhargadh arán agus déanamh fianán . ach

sheachaint siad ar an margadh do cookware tomhaltóir de bharr

fadhbanna féideartha a bhaineann leis an scaoileadh tocsaineach

gáis . Ní raibh sé go dtí innealtóir na Fraince ainmnithe Marc

Grégoire fáil ar bhealach PTFE chun an banna le alúmanam

go raibh an chéad cookware nonstick a cruthaíodh . Grégoire

Bhí tús curtha sciath a trealamh iascaireachta le Teflon a chosc

ni . A bhean chéile Colette Mhol baint úsáide as an gcéanna

modh a cóta di pannaí cócaireachta . Bhí smaoineamh Colette ar éirigh láithreach agus na Fraince

deonaíodh phaitinn don phróiseas i 1954 . Sa bhliain 1955 , an

Grégoires thosaigh dhéanamh agus a dhíol cookware neamh - bata

as a n- cistine . Bhí sé seo chomh coitianta gur i 1956

bhunaigh siad an Chorparáid Tefal , déanta ag cur TEF

ó Teflon agus Al ó alúmanaim . Cúpla bliain ina dhiaidh ,

Meiriceánach ainmnithe Thomas Hardie bhuail Grégoire fad

ar thuras gnó . Bhí sé tógtha leis an cookware

agus ina luí Dupont a allmhairiú iad isteach sa Stát Aontaithe . ach

Dupont áitigh ar athrú an t-ainm Tefal T - FAL mar

bhí an t-ainm ró- gar dá ainm branda Teflon .

Tar éis iarrachtaí iomadúla a miondíoltóirí úis , Hardie

siopa ar deireadh cinnte Macy roinn i Nua

Eabhrac chun áit a ordú beag de pannaí T - FAL . siad

chuaigh ar díol do $ 6.94 ar an 15 Nollaig , 1960 agus a

gach duine iontas , díolta amach go tapa , fiú le linn

snowstorm dian . Go deimhin , bhí cookware neamh - bata mar sin

rathúil nach bhféadfadh monarchana rampaí suas a tháirgeadh

tapa go leor chun freastal ar an éileamh . Faoi 1961 , bhí díolacháin T - FAL

Shroich aon mhilliún amháin ar píosaí in aghaidh na míosa sna Stáit Aontaithe ina n-aonar . Eile

monaróirí chuaigh go luath ar an margadh mar Wearever , Gach -

Clad , Faberware , Lochlannach , agus Circulon . Cé nonstick eile

Cuireadh ábhair bhrataithe invented freisin , tá sé Teflon go

chun tosaigh ar an margadh .

chopsticks

Tá Chopsticks nó kuaizi an uirlisí ithe traidisiúnta

TSín , an tSeapáin , an Chóiré , agus Vítneam. Go traidisiúnta kuaizi

ar siúl sa lámh ceannasach , idir an ordóg agus

mhéara , agus a úsáidtear a phiocadh suas píosaí bia . an Béarla

Is féidir chopstick focal curtha atá díorthaithe ó na Síne

Pidgin English focal Gríscín Gríscín - bhrí go tapa .

Dar leis an stair na Síne , bhí chopsticks úsáid den chéad uair

le linn na dynasty Shang , agus Zhou , an rí deireanach de na

Shang dynasty , a úsáidtear chopsticks Eabhair . Mar sin féin , saineolaithe

Creidim go raibh bambú agus adhmad chopsticks úsáid

níos mó ná 1,000 bliain roimh chopsticks Eabhair . an luaithe

fianaise fisiceacha a bhaineann le péire de chopsticks rinneadh

de chré-umha agus tochailte ó na fothracha Ceann , an ceann deireanach

caipitil an Dynasty Shang , ó thart ar 1200 RC . an

luaithe tagairt théacsa aithne ag úsáid na chopsticks

Is as an 3ú haois RC .

Féadfaidh na leaganacha is luaithe de chopsticks a bheith in úsáid

do chócaireacht , stirring an tine , agus a dhéanann freastal nó a urghabháil píosaí de bia , ach ní mar uirlisí ithe . Le daonra atá ag fás

agus acmhainní breosla gann , thosaigh an Síneach ársa

bia a ghearradh i bpíosaí beaga mar sin bheadh sé cócaireacht níos tapúla agus

úsáid a bhaint as breosla íosta . Na bite-iarrachtaí morsels bia a rinneadh sceana neamhriachtanach ag an mbord agus bhí foirfe a ithe le

chopsticks . Chopsticks thosaigh a bheidh le húsáid mar uirlisí ithe

i rith na Ríshliocht Han mar a bhí siad níos mó lacquerware

cairdiúla ná uirlisí ithe eile géar .

Faoi 500 AD , bhí sé á leathadh chopsticks ón tSín go eile

tíortha ar nós an Chóiré , Vítneam , agus an tSeapáin . Luath Seapáinis

Baineadh úsáid as chopsticks docht le haghaidh searmanais creidimh

agus rinneadh déanta as píosa amháin de bambú ceangailte ag an

barr . Tá na fhéach sé beagán cosúil le tweezers . De réir an 10ú

haois , áfach , iad á ndéanamh mar dhá leithligh

píosaí . Tháinig Óir agus airgid chopsticks sa tóir ar an

Ríshliocht Tang (618-907 AD) . Ach bhí sé ach amháin i rith na

Ming Dynasty (1368 - 1644 AD) go raibh chopsticks

tóir ag fónamh agus ag ithe araon bhí ainmnithe , kuaizi ,

agus fuair a gcuid cruth i láthair .

An raibh a fhios agat ?

Sa tSín Ársa agus na Meánaoise , bhí chopsticks airgid

úsáidtear uaireanta toisc go raibh chreid sé go mbeadh siad

cas ar dubh má tháinig siad i dteagmháil le bia poisoned .

Ní mór an cleachtas seo mar thoradh ar roinnt trua

míthuiscintí . Tá sé ar eolas anois go bhfuil aon airgead

imoibriú le harsanaic nó ciainíd , ach is féidir dath a athrú má tá sé thagann i dteagmháil le garlic , oinniúin , nó lofa uibheacha - uile de

a scaoileann gáis shuilfíd hidrigine .

cling wrap

Is cling wrap - nó bia wrap scannán plaisteach tanaí a úsáidtear chun séala

míreanna bia i gcoimeádáin chun go bhfanfaidh siad úr thar

ar feadh tréimhse níos faide ama . Is féidir leis na wraps cling go leor

dromchlaí go réidh agus is féidir fanacht daingean agus a chlúdaíonn

oscailt coimeádán gan ghreamaitheacha nó eile

feistí . Tá cling wrap - popularly dá ngairtear Gladwrap

san Astráil agus an Nua- Shéalainn , agus Saran wrap - i

Meiriceá Thuaidh . Bhí sé déanta ar dtús ar pholaivinilídéine

clóiríde nó PVDC . Tá na scannáin gníomhú mar bhac i gcoinne

ocsaigin , taise, ceimiceáin , agus teas , agus mar sin tá foirfe

le haghaidh bia a chosaint chomh maith le tomhaltóirí agus tionscail

táirgí .

Sa bhliain 1933 , Ralph Wiley , mac léinn an choláiste a bhí ag obair

mar chúntóir saotharlainne ag Dow Ceimiceán , trí thimpiste

fuair sé amach PVDC nuair a tháinig sé trasna vial nach bhféadfadh sé

scrobarnach glan . D'iarr sé ar an tsubstaint i eonite vial ,

tar éis ábhar indestructible sa stiall grinn Little

Dílleachta Annie . Taighdeoirí Dow thiontú eonite Ralph ar

isteach i gréisceach , scannán glas dorcha agus ar a dtugtar Saran sé ionad .

Dow dhiaidh sin fuair réidh dath glas Saran agus míthaitneamhach

boladh . Sna blianta tosaigh tar éis an teacht ar Saran , sé

bhí in úsáid ag an míleata a spraeála a n-planes Trodaire sin

go bhféadfaí iad a chosaint i gcoinne spraeála farraige goirt amháin agus ag carmakers do upholstery . Sa bhliain 1956 , an US Bia agus Drugaí

Riarachán (FDA) ceadaithe PVDC le haghaidh bia ar leith

teagmháil a dhéanamh chomh maith le pacáistiú bia . Ina theannta sin , tá PVDC

gur glanadh freisin lena n-úsáid mar an dromchla teagmhála bia sa

bhfoirm polaiméire bonn , i gaiscéid pacáiste bia , i díreach

teagmháil a dhéanamh le bianna tirim , agus do bratuithe cairtchláir i

teagmháil a dhéanamh le bianna sailleacha agus uiscí .

SC Johnson margaí anois ar an branda Saran Wrap - plaisteach

scannán . I mí Iúil , 2004 , athraíodh an t -ainm Saran Bunaidh

go Préimh Saran agus athraíodh an foirmliú a

poileitiléin ísealdlúis (LDPE) , atá níos sábháilte agus

níos neamhdhíobhálaí don chomhshaol plaisteach . Sásta - Wrap , ó

Aontais Carbide Corporation , agus Handi - Wrap , tá eile

LDPE bunaithe brandaí cling wrap - .

An raibh a fhios agat ?

An Clingwrap amhrán ag na hAstráile amhránaí - cumadóir Sam

Tá liricí , mar shampla Sparro :

Ní mór duit a shíl go raibh mé do snack ,

' Cause anois go mbainfidh tú bata dom mar cling wrap .

Ó , ' a chur faoi deara grá agat dom .

Cathain a chuaigh tú a fháil chomh dÚsachtach ?

Tá tú greamaitheach , tá tú greamaitheach , tá tú greamaitheach ,

Agus tá tú mhaith cling wrap .

stánaithe BIA

Tosaíonn an scéal bhia stánaithe i 1795 nuair a Fraince

rialtas ar fáil ar 12,000 franc , duais mhór , do dhuine ar bith

d'fhéadfadh a chumadh modh bia a chaomhnú . Napoleon

faoi deara go raibh cáil go ' ag taisteal ar a bholg , ' arm

toisc go raibh scriosta chuid trúpaí i bhfad níos mó ag ocras

agus scurvy seachas trí chomhrac .

Parisian Nicholas Appert , tar éis triail a ar feadh 15 bliana ,

bia rathúil caomhnaithe ag bpáirt cócaireachta é , ina saothraítear rónta

sé i mbuidéil aerdhíonach le stopalláin coirc agus immersing

seo i fiuchphointe uisce . Samplaí de bhia Appert ar bhí

arna nglacadh ag trúpaí Napoleon , a thaisteal ar muir do níos mó ná

ceithre mhí , agus d'fhan sé úr . Bhí sé luach saothair i

1810 ag an Emperor , as a chuid aireagán . Scríobh sé freisin ina

leabhar dar teideal An Leabhar Gach Teaghlaigh nó An Ealaín na Chaomhnú

Ainmhithe agus Glasraí substaintí leor blianta .

Ceannaí na Breataine Peter Durand paitinnithe an stáin aerdhíonach

Is féidir an modh de bia agus perishables eile a chaomhnú i

1810 . Ba é an chuid eile dá phróiseas caomhnaithe cosúil leis

Appert ar . Rinneadh na cannaí déanta as iarann , atá brataithe le stáin

meirge a chosc agus a bhí i bhfad níos éasca a láimhseáil ná

Buidéil ghloine Appert ar . Sa bhliain 1812 , a dhíoltar Durand a paitinne a

dhá Englishmen , Bryan Donkin agus John Hall , ar £ 1,000. Bhunaigh siad monarcha canning tráchtála i Bermondsey ,

Sasana, agus ag 1813 , bhí táirgeadh earraí stánaithe le haghaidh

arm na Breataine agus dubhghorm . Glasraí cothaitheach stánaithe

luath dhíchur scurvy .

Rinne Sir William Edward Parry dhá expeditions arctic a

an Phasáiste Thiar Thuaidh sa 1820í agus thóg bhia stánaithe

ar an dá chuid thurais . One stáin ceithre - punt de laofheoil rósta ,

a rinneadh ar an dá turais ach ní d'oscail a bhí caomhnaithe , i

Osclaíodh iarsmalann dtí go mbeidh sé i 1938 . An t-ábhar , ansin

breis agus céad bliain d'aois , fuarthas go raibh a bheith breá

inite ! Ach bhí séalaithe cannaí luath le sádráil luaidhe , a

uaireanta de bharr nimhiú luaidhe . Famously , baill den

Fhulaing 1845 expedition Artach Sir John Franklin dian

nimhiú luaidhe tar éis trí bliana d'ithe feola madra stánaithe .

Bhí invented an féidir opener nua-aimseartha i 1865 , ag déanamh

táirgí stánaithe fiú níos áisiúla . an sláintíochta

nó is féidir barr oscailte tugadh isteach ag an Sláintíochta Can

Cuideachta na Nua-Eabhrac i 1904 . Thosaigh sé luath a tionchar an-mhór

ar an margadh toisc go raibh sé éasca a mhonarú agus a

ghá aon prásáil , dá bhrí sin deireadh a chur leis an bhféidearthacht de nimhiú luaidhe . Inniu, tá níos mó ná 600 méideanna

agus stíleanna cannaí á monarú agus stánaithe bia

Tá tóir níos mó ná riamh .

DEOCHANNA stánaithe

Baineadh úsáid as Cannaí beorach agus deochanna boga a pacáiste chomh luath

mar 1930 . Bhí siad sturdier ná buidéil ghloine agus níos éasca

a stóráil agus a iompar . Cuireadh factorysealed deochanna stánaithe Luath

agus a cheanglaítear opener speisialta. na sorcóireach

Cuireadh Punch cannaí barr déanta as iarann nó stáin agus bhí barr árasán

agus bun . I lár na 1930í - , cannaí le bharr cón - chruthach

agus caipíní a d'fhéadfaí a oscailt agus a dhoirteadh ar nós buidéil

Forbraíodh . Tá na bairr cón agus crowntainers bhí

a tháirgtear go dtí na 1950í déanacha .

An chéad deoch bog stánaithe , Cliquot Club Sinséar Ale ,

seoladh i 1938 . úsáid sé féidir le cón barr a tháirgtear

ag an Ilchríochach An féidir Cuideachta, a leaked go minic nó

imparted blas mhiotalacha leis an deoch . Tá na fadhbanna

Rinne deochanna stánaithe mall a ghabháil ar . De réir an Dara Cogadh Domhanda ,

cannaí comhdhéanta de ach deich faoin gcéad den mhargadh dí .

Thóg sé roinnt blianta chun an glitches a oibriú amach . An

dearadh feabhsaithe ó Mhór-Roinn Is féidir cead ag deireadh

Pepsi -Cola a sheoladh ar an chéad deoch bog mór stánaithe i

Cuireadh moill 1948 . Tóir ag ganntanais miotail linn

an Cogadh na Cóiré sna 1950í go luath, ach ag 1960 , Pepsi agus

Cuireadh Ríoga na Corónach ag díol ar líon mór de bog stánaithe

deochanna . Spreagtha ag an gcomórtas , thosaigh Coca -Cola

cannaí margaíochta ar scála mór go luath ina dhiaidh sin. Meiriceánach Ermal Fraze cheap an opener tarraingt - tab i

1959. Dhíchur ar an ngá le haghaidh is féidir le opener ar leith .

Réir dealraimh , agus ag a picnic , Fraze dearmad a thabhairt ar

opener agus cuireadh iachall a úsáid tuairteora carr a pry an

cannaí a oscailt . Oíche amháin chuimhnigh sé ar an eachtra agus

Thosaigh obair ar féidir le féin - oscailt . Go raibh iarracht daoine eile a

teacht suas le feistí den chineál céanna ach go mícheart siad nó

bhris go héasca . Fraze réiteach na saincheisteanna seo agus a aireagán

Rinne deochanna stánaithe fiú níos mó tóir . Faoi 1965 , beagnach

75 faoin gcéad de na grúdlanna US bhí as é a úsáid . Mar sin féin ,

daoine claonadh a caith amach an táb tar éis oscailt a n-

Is féidir , a chruthú fadhb mhór le bruscar .

Go gairid bhí cruach agus cannaí stáin á chur in ionad alúmanaim

cinn , a bhí go raibh go leor buntáistí - siad solas ,

saor, creimeadh resistant , durable , agus athchúrsáilte . an

Is féidir an chéad dí alúmanaim mhonaraigh

Miotail Reynolds Cuideachta i 1963 agus a úsáidtear le haghaidh Cola aiste bia

ar a dtugtar Slenderella . Ghlac Ríoga na Corónach an alúmanaim

Is féidir i 1964 , agus faoi 1967, Pepsi agus cóic dhiaidh .

Sa bhliain 1977, paitinnithe Fraze an chéad neamh - inaistrithe , pushin agus huaire - ais pop cluaisín opener . Réiteach seo an bruscar

fadhbanna a bhaineann leis an tarraingt - tab . Faoi 1985 , an poptab

féidir alúmanam tosaigh ar an dí pacáistithe

margadh .

scragall alúmanaim

Tá scragall alúmanaim mar a shainmhínítear bileoga alúmanaim a

Tá níos lú ná 0.2 mm tiubh . Is scragall Teaghlaigh fiú níos tanaí ,

de ghnáth 0.016 mm nó mm 0.024 . Thart ar 75 faoin gcéad

alúmanam scragall a úsáidtear le haghaidh pacáistiú Tá bianna , cosmaidí

agus táirgí ceimiceacha . Tá an chuid eile a úsáidtear i tionsclaíoch

iarratais . Bhí popularized an scragall alúmanaim téarma

ag Miotail Reynolds , an monaróir tosaigh i dTiobraid

Meiriceá.

Bhí alúmanam Miotalach ar fáil i gcainníochtaí móra

i 1888 . Alfred Gautschi de Gontenschwil , An Eilvéis

bhí an chéad a thabhairt ar aird scragall alúmanaim i 1903 , ag baint úsáide as

an próiseas rollta pacáiste - aitheanta go maith . Gautschi Cruachta ar

líon na bileoga alúmanaim tanaí i bpacáiste agus rolladh

sé idir sorcóirí iarann trom . Arís agus arís eile sé an próiseas

le bearnaí de réir a chéile níos lú idir na sorcóirí

go dtí go bhfuarthas an tiús atá ag teastáil scragall . eile

Ba monaróir luath Dr Lauber , Neher & Cie , bunaithe

i Kreuzlingen , Eilvéis . Sa bhliain 1907 , fuair siad

próiseas rollta malartach leanúnach agus úsáid

scragall alúmanaim mar bhac cosanta .

Bhí scragall stáin ar fáil ar bhonn tráchtála ó dheireadh

19ú haois . Ach ní raibh sé an- intuargainte agus thug blas mhiotalacha beag le bia fillte ann . Dá réir sin , an nua

ábhar a chur in ionad go tapa é . Sa bhliain 1911 , Eilvéis - bhunaithe

gnólacht milseogra Tobler thosaigh timfhilleadh a seacláide

barraí i scragall alúmanaim , lena n-áirítear a n- triantánach ar leith

barra seacláide , Toblerone . An úsáid a bhaint as scragall alúmanaim a

wrap Bhí seacláide rath beagnach an toirt , mar gheall ar é

chosaint ó thaise agus a choimeád an aroma slán . De réir

1912 , scragall alúmanaim a bhí á n-úsáid freisin ag Maggi , anois

Nestlé Maggi , anraithí agus ciúbanna stoic pacáiste .

Táirgeadh tráchtála de scragall alúmanaim sna Stáit Aontaithe thosaigh

i 1913 . Bhí an mhargadhluach bunaidh an- bheag , a dhéanamh cos

bannaí le haghaidh colúir rásaíochta a aithint . Ach go luath bhí

iarratais eile go leor mar wraps do seacláide , tae ,

Miontaí Saoil Savers , barraí candy , guma coganta agus . Sa bhliain 1921 ,

an chéad lannaithe cartán fillte le scragall alúmanaim

Táirgeadh . Ba é an tionscal déiríochta uchtaitheoir go luath

ós rud é nach raibh scragall alúmanaim cas dubh i dteagmháil le

cáis agus bhí thart ar 20 faoin gcéad níos saoire ná scragall stáin .

Cuireadh scragall Teaghlaigh ar an margadh den chéad uair sna 1920í déanacha .

Tháinig Scragall alúmanaim ábhar pacáistíochta mór

le linn an Dara Cogadh Domhanda . Tar éis an chogaidh , thosaigh a n-iarratas a iolrú , cosúil le coimeádáin bia scragall réamhfhoirmithe a bhí

chéad uair i 1948 . Inniu, alúmanam scragall - i geal

dathanna , clóite , cabhartha , nó lannaithe - i ngach áit .

dallóga VENETIAN

Tá dallóga Veinéiseach agus dallóga slat roinnt de na is

a úsáidtear go coitianta dallóga fhuinneog . Is féidir leo a dhéanamh ar

plaisteach , miotal , bambú , nó fiú adhmad , leis an shaighid

a chuirtear ar cheann ar bharr an taobh eile . Mar a fhionraí nó cordaí téipeanna

na dallóga , is féidir go léir an shaighid cothrománach a rothlú ag an

am céanna sa chaoi go forluí slat amháin leis an

eile . Cuidíonn sé seo chun rialú a dhéanamh ar an méid solais ag sileadh

isteach sa seomra . Cordaí ardaitheoir breise ag dul trí gach

cabhrú slat cothrománach a ardú agus níos ísle ar na dallóga . an slat

Is féidir le leithid athrú , le 25 mm ar a bheith ar an chuid is mó coitianta

leithead úsáidtear .

Is féidir leis an dall Venetian a rianadh siar go dtí lár an 18ú

haois , ach tá i bhfad ar a stair luath bunaithe ar conjecture .

Cé taifid paitinne creidmheasa Gowin Knight agus Edward

Beran Shasana leis an aireagán dallóga Veinéiseach , sé

Creidtear go raibh an Fraince ag úsáid na dallóga roimh

iad . Mar sin féin , dá dtagraítear na Fraince leis na dallóga mar les

Persiennes , le tuiscint ar bhunadh na hÁise . roinnt cuntais

le fios go bhfuil an Venetians , a bhí trádálaithe , d'fhoghlaim

faoi na dallóga ó na Peirsigh , agus bhí sé ar an

Sclábhaithe Veinéiseach a tugadh isteach iad sa Fhrainc .

Sa bhliain 1761 , bhí séipéal Naomh Peadar i Philadelphia an chéad fhoirgneamh sna Stáit Aontaithe a bheith feistithe le Veinéiseach

dallóga . John Webster Tá creidiúnaithe leis a bheith ar an chéad duine a

sna Stáit Aontaithe a úsáid agus a dhíol dallóga Veinéiseach i

1767 . Dallóga Veinéiseach le feiceáil ansin i 1787 péinteáil

ag JL Gerome Ferris , dar teideal An Chuairt de Paul Jones

an Coinbhinsiún Bunreachtúil . Léiríonn léaráidí eile

Dallóga Veinéiseach ag Halla na Saoirse i Philadelphia

ag an tráth sínithe an Dearbhaithe US na

Neamhspleáchas .

Idir an 19ú haois agus an 20ú , an chuid is mó oifige

foirgnimh sna Stáit Aontaithe thosaigh ag baint úsáide Veinéiseach

dallóga a rialáil ar an sreabhadh an tsolais i gcuid spásanna oibre .

I rith na 1930í , an Raidió na Cathrach Ceol Halla na Foirgníochta

agus tháinig an Foirgneamh Stáit Impireacht i Nua-Eabhrac

coimpléisc an chéad oifig nua-aimseartha móra a úsáid Veinéiseach

dallóga as a n-fuinneoga . An Burlington Veinéiseach nDall

Co na Burlington , Vermont , Tá creidiúnaithe leis a sholáthar

an t -ordú is mó aonair do dallóga Veinéiseach , a bhí

úsáidtear a chlúdach an 6,500 fuinneoga , scaipthe thar 102 urlár ,

an Foirgneamh Stáit Impireacht ar fad .

coincréit threisithe

Tagann an focal nithiúla ón concretus focal Laidine

rud a chiallaíonn dhlúth nó comhdhlúite arb iad . coincréit threisithe

Tá struchtúir a threisiú le neart tensile ard ,

cosúil le barraí cruach a ngleic leis an neart teanntachta íseal

agus elasticity coincréite gnáth . Tá na struchtúir

leabaithe i coincréite nua roimh hardens é .

Tá Coincréite a úsáidtear le haghaidh tógála ó Rómhánach

amanna . Ach ní raibh coincréit threisithe luath agus bhí an-

neart teanntachta íseal. Ní fios go cinnte a

Ba ar na bacáin treisiú ach tá an tógáil

rowboats beaga ag Jean - Louis Lambot sna 1850í luatha

D'fhéadfadh a bheith ar an chéad sampla rathúil . Lambot , feirmeoir ,

treisithe a chuid báid le barraí iarainn agus mogalra sreinge . sé freisin

molta a bhaint as an t-ábhar le haghaidh tógáil foirgneamh .

Sa bhliain 1854 , ar pláistéir, William Wilkinson de Caisleán Nua ar - -

Tyne , Sasana , tógtha teachín beag seirbhíseach dhá stór ar ,

athneartú ar an urlár coincréite agus díon le barraí iarainn

agus téad sreang , agus paitinnithe an cineál seo foirgníochta i

Sasana. Wilkinson tógadh roinnt struchtúir den sórt sin , a bhfuil

Is minic a mheastar an chéad foirgnimh coincréit threisithe .

Bhí Joseph Monier garraíodóir Parisian a rinne potaí gairdín agus tobáin de coincréit threisithe le mogalra iarainn .

Taispeáint sé a aireagán ag an bPáras Exposition 1867 .

Chun cinn sé freisin coincréit threisithe lena n-úsáid i iarnróid

trasnáin , píopaí , urláir , áirsí , agus droichid ach ní

Thuig an prionsabal oibriúcháin a threisiú .

Ba é an tógálaí na Fraince Francois Coignet an chéad duine a

úsáid coincréit threisithe i bhfoirgnimh ar scála mór . sé

Thosaigh turgnamh le coincréit iarainn -treisithe i

1852 . Bliain ina dhiaidh sin , thóg sé teach ceithre - stór go hiomlán

coincréit threisithe i St Denis , mbruachbhaile ó thuaidh den

Páras . Tá an foirgneamh suntasach fós ina seasamh .

Sa bhliain 1879 , cheannaigh GA Wayss na cearta chun Monier ar

chórais agus ceannródaíocht tógáil coincréit threisithe i

Ghearmáin agus an Ostair . Ernest Ransome San Francisco ,

California, paitinnithe córas i 1884 a úsáidtear twisted

slata cearnach chun feabhas a chur ar an nasc idir an nithiúla

agus le neartú agus úsáidtear é ar feadh roinnt foirgnimh mhóra .

Thosaigh Francois Hennebique Pháras freisin chun cur

threisithe coincréit tithe ag na 1870í déanacha . Sa bhliain 1892 , sé

paitinnithe córas Hennebique na tógála agus thosaigh

chun saincheadúnais a bhunú i gcathracha móra . A gcóras modúlach

colúin agus bíomaí chéile i monolithic amháin

eilimint agus bhí den chuid is mó atá freagrach as an bhfás mear

de athneartaithe nithiúla a thógáil san Eoraip .

CÁRTAÍ BEANNÚ

Cártaí Hallmark agus Féile Mheiriceá iad na cinn is mó
táirgeoirí cártaí beannachta ar fud an domhain . Tá sé measta
go gcuirfidh duine sa Ríocht Aontaithe ina n-aonar 55 cártaí in aghaidh na bliana ar
meán , ag déanamh cártaí beannachta billiún - punt - ar - bhliain
gnó. An saincheaptha a sheoladh cártaí beannachta dátaí
ar ais go dtí an Síneach ársa a mhalartófar teachtaireachtaí
dea-thola a cheiliúradh Bliain Nua agus chuig an luath-
HÉigiptigh a n- iúl beannachtaí ar papyrus
scrollaí .

Cártaí beannachta páipéar lámhdhéanta a bhí á malartú i
Eoraip i haois luath 15ú . Na Gearmánaigh is eol
a bheith clóbhuailte Bliain Nua beannachtaí ó woodcuts mar
luath le 1400 , agus Fhéile Vailintín páipéar lámhdhéanta a bhí á
a mhalartú i gcodanna éagsúla den Eoraip sa luath go lár -
15ú haois .

De réir na 1850í , bhí an cárta beannachta a chlaochlú ó
sách daor, lámhdhéanta agus lámh - sheachadadh
bronntanas a bhealach tóir agus inacmhainne na pearsanta
cumarsáide . Sheol sé seo treochtaí nua cosúil speisialta
deartha cártaí Nollag Sir Henry Cole i Londain i
1843 , an chéad fhoilsiú ar chártaí Vailintín sa Aontaithe

Stáit ag Esther Howland i 1849 , agus cuideachtaí ar nós Marcus Ward & Co , Goodall , agus Charles Bennett massproducing

cártaí beannachta sna 1860idí . Mar sin féin , Louis

Prang Tá creidiúnaithe go ginearálta leis an tús an Beannacht

tionscal cárta i Meiriceá i 1856 . Sna 1870í luatha ,

Prang thosaigh ag foilsiú eagrán deluxe na Nollag

cártaí , a fáil ar an margadh réidh i Sasana . Sa bhliain 1875 ,

thug sé an chéad líne iomlán cártaí Nollag

don phobal Mheiriceá .

Tá roinnt lae inniu foilsitheoirí cárta beannachta le rá ,

a dírithe níos mó ar an meon in iúl ná

ar léaráidí Bunaíodh , thart ar 1906 . siad

a tugadh isteach nuálaíochtaí tábhachtacha i bpróisis priontáil ,

teicnící ealaíne , agus cóireálacha maisiúil do Beannacht

cártaí . Bhí liteagrafaíocht Dath (1930) nuálaíocht amháin den sórt sin .

Le linn an Dara Cogadh Domhanda , an cárta beannachta Mheiriceá

tionscal comhthiomsaithe a n -acmhainní chun cuidiú leis an rialtas

dhíol cogadh - bannaí agus cártaí a chur ar fáil do shaighdiúirí lonnaithe

thar lear . Tréimhse seo marcáilte freisin an tús a

gaol dlúth leis an Stáit Aontaithe Poist Seirbhíse ZIP .

Cártaí beannachta greannmhar , ar a dtugtar cártaí stiúideo , tháinig

tóir sna 1940idí déanacha agus na 1950í . Le teacht na

ar an Idirlíon leictreonach - cártaí , cártaí r - tar éis éirí anois

an- tóir .

leabhair bog

Tá bog , ar a dtugtar freisin mar clúdach bog nó softcover ,

arb é a príomhthréith páipéar nó as cairtchlár clúdach tiubh

fháil chomh maith le gliú seachas greamanna nó stáplaí .

Leabhair Saor cheangal sa pháipéar a bhí ann ó ar

ar a laghad an 19ú haois mar paimfléid , yellowbacks , dime

úrscéalta , agus úrscéalta aerfoirt . Tá an chuid is mó bog nua-aimseartha

aicmiú i ' mais - mhargaidh ' nó bog ' trádáil' .

Foilsitheoir Gearmáinis Leabhair albatras pioneered an 20ú

bhformáid haois mais - mhargaidh bog i 1931 , ach

Dara Cogadh Domhanda ghearradh ar an turgnamh gearr . Sa bhliain 1935 , na Breataine

Sheol foilsitheoir Allen Lane na Penguin Books

rian le deich teidil athchló . An rian Ghlac go leor

nuálaíochtaí albatras ' , lena n-áirítear lógó fheiceálach

agus clúdaíonn do seánraí éagsúla dath - chódaithe , agus bhí sé ina

rath airgeadais láithreach . Penguin Books bunúsach

thosaigh an réabhlóid bog i mBéarla - teanga

margadh leabhar . Uimhir amháin ar liosta an chéad - riamh Penguin ar

Bhí leabhair i 1935 André Maurois ' Ariel .

Lána iarraidh a thabhairt ar aird leabhair saor. cheannaigh sé

cearta bog ó fhoilsitheoirí , d'ordaigh cló mór

Ritheann , thart ar 20,000 cóipeanna , agus d'fhéach sé le haghaidh neamh - thraidisiúnta

láithreacha miondíola a choinneáil ar phraghsanna aonaid íseal. Bhí Booksellers drogall a cheannach a leabhair ar dtús , ach nuair a Woolworths

a chur ar ordú mór , a dhíoltar leabhair thar a bheith go maith . Tar éis

go rath tosaigh , bhí díoltóirí leabhar a thuilleadh drogall

le bog stoc.

Sa bhliain 1939 , Robert de Graaf na Stát Aontaithe i gcomhpháirtíocht

le Simon & Schuster a chruthú ar an lipéad Leabhair Pocket . an

leabhar póca téarma tháinig go luath a shamhlaítear le bog

i labhraítear Béarla Meiriceá Thuaidh . De Graaf , cosúil Lána ,

cearta bog a fuarthas ó fhoilsitheoirí eile agus

a tháirgtear go leor siúl. D'fhonn teacht ar fiú níos leithne

margadh ná Lána , a úsáidtear sé líonraí dáileacháin de

nuachtáin agus irisí , a raibh stair fhada

á dírithe ar lucht féachana maise . Ba é seo an tús

de bog mais - mhargaidh . Bog Trádála , atá

dháileadh ag mórdhíoltóirí agus dáileoirí leabhar , bhí

Sheol thart ar an am céanna .

James Hilton ar Caillte Horizon a luaitear go minic mar an chéad

Leabhar bog Mheiriceá mar gheall ar a uimhir amháin

seasamh i cad a tháinig chun bheith ina liosta an- fhada d'eagráin phóca .

Ach an chéad mais - mhargadh , póca-iarrachtaí , leabhar bog

clóite sna Stáit Aontaithe a bhí eagrán de Pearl Buck an Chéasta

Domhan a tháirgtear ag Pocket Books agus mar choincheap cruthúnas - de - i

déanach 1938 agus a dhíoltar i Nua- Eabhrac . Sa bhliain 1960, díolacháin ó

leabhair bog dul thar an chéad siúd de hardcovers .

Flashlights

Francach George Leclanché invented an ceallraí cille fliuch

i 1866 . Atá sé aigéad a d'fhéadfadh a dhoirteadh amach má tipped os a chionn.

Sa bhliain 1888 , eolaí Gearmánach , an Dr Carl Gassner , clúdaithe

na cille fliuch i gcoimeádán séalaithe since , rud a chruthaíonn an chéad

iniompartha ceallraí - na cille tirim . Sa bhliain 1896 , cill tirim feabhsaithe

Bhí invented , ag baint úsáide as leictrilít ghreamú in áit leacht .

Idir an dá linn , Joseph Swan i Sasana agus Thomas Edison

i Meiriceá bhí invented an solas gealbhruthach nua-aimseartha

bolgán i 1879 . cealla tirim agus bolgáin solais miniature rinne an

Lampaí póca leictreacha chéad , ar a dtugtar freisin mar tóirsí , is féidir .

Sa bhliain 1898 , sheol an Comhlacht Náisiúnta Carbóin an D - cineál

ceallraí cille tirim , a chuir go leor cumhacht do ríomhaire boise

soilse iniompartha . Ceann de na táirgí go luath faoi thiomáint ag sé go raibh

bioráin le bolgán solais miniature . Sreanga atá i gceangal leis an bolgán

le ceallraí , a bhí i bhfolach i phóca nó taobh thiar de scairf .

Nuair a brúite an duine féin a chur ar athrú , flashed an bolgán . Úsáideoirí

úsáidí praiticiúla go luath fuair sé amach ar an aireagán , mar shampla

léamh i mbialanna dorcha nó amharclanna .

Le blianta fada , bhí an t-ainm le rá i Lampaí póca

EVEREADY , ar dtús Meiriceánach Nuachta Leictreach agus

Cuideachta Déantúsaíochta . A inimirceach Rúisis , Conrad

Hubert , thosaigh sé i Nua- Eabhrac , i 1898 . David Misell , aireagóir Béarla , thosaigh sé ag obair le haghaidh Hubert i 1897 . I

1899 , a fhaightear cuideachta Hubert ar phaitinn don leictreach

gléas . An gléas , deartha ag Misell , d'fhéach sé a lán cosúil le

flashlight nua-aimseartha . Bhí sé faoi thiomáint ag cadhnraí D - leagan tosaigh ar ais i bhfeadán páipéar leis an bolgán solais agus

reflector práis garbh ag foirceann amháin . An chuideachta a bhronn

cuid de na gléasanna do na póilíní Nua- Eabhrac , a

D'fhreagair go fabhrach dóibh . Sa bhliain 1903 , paitinnithe Hubert

flashlight le lasc ar / as i sorcóireach nua-aimseartha

chásáil ina bhfuil an lampa agus cadhnraí .

Tá na Lampaí póca go luath ar siúl ar cadhnraí since - charbóin , a

Ní fhéadfaí a chur ar fáil ar sruth leictreach seasta agus is gá

Luíonn tréimhsiúla chun leanúint ar aghaidh ag feidhmiú . Úsáid astu freisin

bleibíní carbóin - snáithín fuinnimh - mí-éifeachtach , rud a chiallaigh

go raibh na fuílligh a bheith go minic . Dá réir sin , d'fhéadfadh siad a bheith

úsáid ach amháin i flashes gairid , mar thoradh ar an téarma flashlight .

Forbairt an lampa tungstain - filiméad timpeall

1906, le trí huaire an éifeachtúlacht as filiméid carbóin

agus cadhnraí feabhsaithe , rinneadh Lampaí póca níos úsáidí

agus tóir . Faoi 1922 , ríomhaire boise , laindéir , agus tóirsholas

Bhí leaganacha atá ar fáil . Cumhachtacha agus iontaofa bán

Tugadh soilse isteach ar dtús i 1999 ag an Lumileds

Bardas San Jose , California . Is iad seo anois

in áit bolgáin ghealbhruthacha Lampaí póca i .

bainc mhuiniompair

Le linn na Meánaoiseanna , bhí idir miotail costasach agus

deacair a fháil ar fud na hEorpa . Dá bhrí sin , teaghlaigh

úsáid cré a chruthú potaí tí éagsúla , prócaí , babhlaí ,

agus báisíní níocháin . I Meán- Béarla , pygg tagairt do

cineál de chré oráiste a úsáidtear go coitianta le haghaidh a dhéanamh den sórt sin a

míreanna . Daoine minic a shábháil airgead i bpotaí cistine agus

prócaí déanta as pygg , ar a dtugtar prócaí pygg . Gutaí go luath

Bhí an Béarla fuaimeanna éagsúla ná mar a dhéanann siad lá atá inniu ann , mar sin

le linn an t-am Saxan , bheadh an focal pygg

a breith pug . Ach mar an fuaimniú na

' y ' athrú ó ' u ' do ' i, ' pygg tháinig deireadh thiar chun

a bhfuaimnítear cosúil le muc . B'fhéidir coincidentally , an Sean-

Focal Béarla i gcás muc , an t-ainmhí feirme , bhí picga , le

an focal Béarla ag teacht chun cinn i Meán pigge , b'fhéidir

mar gheall ar an bhfíric go bhfuil na hainmhithe a rolladh timpeall i

láibe agus salachar pygg .

Thar na 200-300 bliana amach romhainn , an

cré (pygg) agus an t-ainmhí (pigge) tháinig chun a chraolfas

an agus hEorpaigh céanna a dearmad go mall go pygg uair

a tharchur chuig an potaí cré , prócaí , agus cupáin . De réir an

18ú haois , bhí athrú agus litriú pygg an

a tháinig chun cinn próca pygg téarma bainc muc . Mar sin , sa 19ú

haois , nuair a fuair potairí Béarla iarratais do bhainc pygg , thosaigh siad ag bainc cruth a tháirgeadh

muca . Seo punt amhairc cliste a achomharc chuig custaiméirí agus

leanaí thar a bheith sásta . Nuair a bhí aistrigh an bhrí a

ón substaint leis an cruth , thosaigh bainc mhuiniompair le

a dhéanamh ó shubstaintí eile lena n-áirítear gloine , ceirmeach ,

poirceallán , plástar , agus plaisteach .

Tá teoiric eile ná go sa Ghearmáin agus máguaird

tíortha , is é an muc siombail de luck maith . Bhí sé Creidtear

go mbeadh a choimeád airgead i mbanc muc - chruthach a thabhairt

dea-fhortún . Ag Bliana Nua , tá muca sin ar a dtugtar -ádh fós

a mhalartú mar bhronntanas sa Ghearmáin .

Ní raibh na hEorpaigh an Iarthair ach amháin na cinn a dhéanamh mhuiniompair

bainc . Sa tSeapáin , an Neko Maneki , nó cat -airgead , is minic

chur sa bhaile chun cuidiú a thabhairt luck maith agus fortune

leis an teaghlach . Nekos Maneki is minic a úsáidtear mar chineál

de mhuiniompair bainc , a bhfuil athrú scaoilte agus airgead chun an

teaghlaigh . Fiú amháin níos mó suimiúil, an chéad bainc mhuiniompair fíor ,

bainc terracotta i gcruth na muc le sliotáin ag an mbarr

le haghaidh boinn a thaisceadh , rinneadh i Java chomh fada siar leis an

14ú haois . An celengan téarma Indinéisis , a chiallaíonn ' cosúil

torc fiáin 'in úsáid , chun cur síos a dhéanamh ar na bainc intíre .

bannaí RUBAIR

A banda rubair , ar a dtugtar freisin mar cheanglóir , ina leaisteach nó

banna leaisteacha , banna ceoil lackey , banna ceoil laggy , banna ceoil lacka , nó

gumband é , fad gearr de rubar i gcruth

lúb a úsáidtear go coitianta a shealbhú rudaí éagsúla

le chéile . Déantar iad a úsáid freisin chun cumhacht múnla beag

eitleáin .

Sa bhliain 1839 , invented Meiriceánach ainmnithe Charles Goodyear

an próiseas vulcanisation a úsáidtear fós a dhéanamh

rubair nua-aimseartha . Ar 17 Márta, 1845, aireagóir na Breataine

agus fear gnó ainmnithe Stephen Perry paitinnithe an

bandaí rubair déanta as rubar chéad bolcánaithe . Perry

corparáide , Messers Perry agus Co , monaróirí Rubber

Londain , rinne éagsúlacht na dtáirgí rubar bolcánaithe .

Perry invented an banda rubair a páipéir a shealbhú nó a

clúdaigh le chéile . Suimiúil go leor, aireagóir eile , ina Dr

Jaroslav Kurash , invented ar leithligh agus paitinnithe an

banda rubair sa bhliain chéanna , ar an lá céanna .

Bandaí rubair a bhí ar dtús mais - tháirgtear ag William H.

Spencer ar 7 Márta, 1923, i Alliance , Ohio . bhí siad

a rinneadh ina íoslach ó hems gearrtha ó discarded

táirgí rubair , cosúil le feadáin istigh diúltaíodh ó

an Chuideachta Goodyear . Spencer , ina brakeman le haghaidh an Railroad Pennsylvania , thosaigh ag díol a chuid bandaí rubair

le siopaí oifige - soláthair agus páipéar agus sreangán asraonta . a

briseadh mór a tháinig nuair a thug sé faoi deara cóipeanna de na Akron

Beacon Oifigiúil séideadh trasna Lawns . Ina luí air an

nuachtán chun ceangal a táirge lena bandaí rubair

agus bhí sé ar an chéad nuachtán sa domhan sin a dhéanamh

do sheachadadh sa bhaile. Luí sé freisin grósaeirí a úsáid a bandaí rubair ionad corda chun an groceries a dhaingniú .

Lean Spencer ag obair le haghaidh an railroad ar feadh 14 bliana

ag tógáil gnó rubair - bhanna ar a Comhaontas

plandaí . Inniu , tá a Cuideachta Rubber Alliance an ceann is mó

léiritheoir na bandaí rubair ar fud an domhain . Déanann sé 17.3

billiún bandaí rubair in aghaidh na bliana , chomh maith le oifig eile ,

poist agus táirgí pacáistiú . A táirgí a dhíol i

níos mó ná 30 tír . Spencer a fuair bás i 1986 , d'aois 94 .

An raibh a fhios agat ?

Daoine a bheadh sa Ríocht Aontaithe gearán a dhéanamh faoi postmen bruscar

ag caitheamh ar shiúl an bandaí rubair a úsáidtear phost a choinneáil ar

le chéile . Sa bhliain 2004 , thug an Royal Mail bannaí dearg do

n -oibrithe . Bhí siad éasca a bhfód agus gan ach an Ríoga

Mail a úsáidtear iad . Seo rinne na fostaithe a bhraitheann iallach

a phiocadh suas bannaí gur thit siad , a den chuid is mó

réiteach ar an bhfadhb . Faoi láthair , tá roinnt 342 milliún dearg

bandaí a úsáidtear gach bliain .

cloig urláir

Tá cloig seanathair , cloig ar a dtugtar i gceart longcase ,

ard , cuibhrithe , meáchan - tiomáinte cloig pendulum le

an luascadán ar siúl taobh istigh an cás . Tá na téarmaí seanathair , seanmháthair , agus gariníon go léir curtha i bhfeidhm

cloig longcase . Dealraíonn sé an comhaontú ginearálta a bheith go

Is clog giorra ná 5 troigh ar banua , idir 5 agus

Is 6 troigh ar seanmháthair agus tá níos mó ná 6 troigh seanathair . An chuid is mó

cloig longcase stailc an t-am ar gach uair an chloig nó codán

de uair an chloig . Bhí sé déantóir clog na Breataine William Clement

a tháirgtear an chéad cloig longcase thart ar 1680 .

Réir mar a théann an scéal , cuireadh clog longcase ar leith

i an stocaireacht ar an Óstán George i Piercebridge , Thuaidh

Yorkshire , Sasana , i gcás ina seasann sé fós sa lá atá inniu . bhí sé

sin a bheith go heisceachtúil cruinn . An úinéirí óstán

péire de bachelors , na deartháireacha Jenkins . Nuair cheann de na

deartháireacha bás , an clog cruinn roimhe Aisteach

Thosaigh chailliúint ama . Ar dtús chaill sé 15 nóiméad in aghaidh an lae , ach

nuair a thug roinnt clocksmiths suas ag iarraidh a dheisiú ar an

breoite timepiece , bhí sé a chailliúint níos mó ná uair an chloig gach

lá . Tar éis an deartháir eile bás , stop an clog

ag rith ar fad . An bainisteoir nua ar an óstán riamh

iarracht a bheith acu é a dheisiú . D'fhág sé ach sé seasamh in

cúinne sunlit ar an stocaireacht , a lámha resting sa suíomh ghlac siad i láthair na huaire ar an Jenkins deartháir deireannacha bás .

Timpeall 1875 , ina cumadóir Meiriceánach ainmnithe Henry

Tharla Cré Obair bheith ag fanacht ag an Óstán George

le linn turas go Sasana . Dúradh leis an scéal an sean-

clog agus tar éis féachaint dó féin , chinn a chumadh

amhrán faoi. Tháinig an obair ar ais go Meiriceá agus a fhoilsiú na liricí leis an amhrán , Mo seanathair ar Clog , i 1876 . An

Bhí amhrán hit mór , a dhíoltar níos mó ná milliún cóipeanna de bhileog

ceol, agus popularized an clog seanathair téarma . Anseo

is é an chéad véarsa agus curfá an amhráin :

Bhí mo sheanathair clog ar ró-mhór don seilf ,

Mar sin, sheas sé nócha bliain ar an urlár ;

Bhí sé níos airde ag leath ná an sean-fhear é féin ,

Cé a mheá sé nach pennyweight níos mó.

Bhí sé cheannach ar an morn an lá a rugadh é ,

Agus bhí i gcónaí a stór agus bród ;

Ach stopp'd sé gearr - riamh chun dul arís nuair a fuair bás - an sean-fhear .

CURFÁ

Nócha bliain gan slumbering (cuir tic , tic , tic , tic) ,

A shaol soicind uimhriú (cuir tic , tic , tic , tic) ,

Stopp'd sé gearr- riamh chun dul arís nuair a fuair bás - an sean-fhear .

dlúthdhioscaí

Sa bhliain 1974, an chuideachta leictreonaic Philips , bunaithe i

Eindhoven , An Ísiltír , thosaigh a fhorbairt ar

diosca optúil fuaime le caighdeán fuaime níos fearr ná an

ansin taifead vinil ceannasach . Shocraigh siad go luath chun úsáid a bhaint as

bhformáid dhigiteach . Sa bhliain 1977 , thosaigh Philips saotharlann a

thráchtálú a n-teicneolaíochta . Roghnaigh siad an téarma

dlúthdhiosca , agus a mhéid, 11.5 cm , a mheaitseáil ceann eile

Philips táirge - an caiséad dhlúth .

Idir an dá linn , Sony , atá bunaithe sa tSeapáin , bhí go poiblí

léirigh diosca optúil fuaime digiteach i mí Mheán Fómhair

1976 . Sa bhliain 1978 , d'fhorbair siad diosca le sonraíochtaí

cosúil leis an dlúthdhiosca nua-aimseartha . Sa bhliain 1979 , an dá chuideachta

chinn a chur le chéile a n-iarrachtaí agus a chur ar bun tasc comhpháirteach

bhfeidhm ar fhorbairt an teicneolaíocht a chur i gcrích . Tar éis

bliana , tháirg an tascfhórsa an caighdeán CD Leabhar Dearg ,

a bhfuil ina dhiaidh fós inniu . Philips chuir an

próiseas monaraíochta ginearálta , bunaithe ar an níos sine

LaserDisc , agus an teicníc fuaime modhnú , cé go

Sony chuir an algartam earráid -cheartú .

Ní raibh an dlúthdhiosca fáilte roimh huilíoch . an mór-

Taifead Meiriceánach lipéid - Scoil na mBráithre Críostaí , Warner , agus RCA - iarraidh

a choinneáil ar díol taifid vinil . Mar sin féin , fiú amháin ansin , nach bhfuil gach duine ag iarraidh vinil .
An stiúrthóir cáiliúil Herbert

Bhí von Karajan ina abhcóide mór de CD . Dúirt sé

a thacaíocht don chóras nua agus ceol i gcomparáid ar

taifid traidisiúnta soilsiú gáis i léig .

Bhí brúite an chéad dlúthdhiosca tástála ag Polydor aice Hannover ,

An Ghearmáin , agus bhí Richard Strauss Eine Alpensinfonie

(An Alpach Siansa) , mar a bhí ag an Fiolarmónach Bheirlín

agus rinne von Karajan . I mí Lúnasa 1982, PolyGram

scaoileadh na chéad tráchtála CD - ABBA ar 1981 albam -

Na Cuairteoirí . Ar 2 Márta , 1983, bhí scaoileadh seinnteoirí CD i na Stáit Aontaithe agus margaí eile .

D'éiligh an dlúthdhiosca a fhorbairt pacáiste nua

a bheadh a chosaint a dhromchla íogair ó dhamáiste . Tá sé

bhí chomh maith a shealbhú leabhrán agus a bheith in ann uathoibríoch

tionól . Foirne ag PolyGram sa Ghearmáin agus an

An Ísiltír cheap pacáiste trí - phíosa oiriúnach a rinneadh

plaisteach (polaistiréin) . Ba é an fhréamhshamhail chomh flawless

go raibh sé leasainm an Cás Jewel . Tá sé fós ar an

caighdeán domhanda le haghaidh pacáistiú CD .

Sa lá atá inniu dlúthdhioscaí a úsáidtear chun sonraí a chomh maith le ceol a stóráil . Níos

formáidí físe ar nós DVD agus Blu - ray a úsáid chomh maith leis an

geoiméadracht fisiciúil céanna leis an CD . Ach leis an le déanaí

tóir MP3s , tá an díol dlúthdhioscaí ag laghdú .

Styrofoam / thermocol

Is Polaistiréin le plaisteach crua agus soiléir go raibh thaisme

amach i 1839 ag Eduard Simon , poitigéara i

Beirlín. Bhí driogtha sé substaint olacha ó storax ,

an roisín an crann sweetgum Tuircis , go bhfuil sé ainmnithe

styrol . Roinnt laethanta ina dhiaidh sin , fuair Simon go raibh an styrol

tiubhaithe isteach i glóthach . Sa bhliain 1866 , poitigéir Marcelin Berthelot

fuair sé amach go raibh an t-athrú mar gheall ar Polymerization de

stiréine , le peitriceimiceach leacht le fáil i storax , agus an tháinig substaint a dtugtar polaistiréin .

Sa bhliain 1941 , bhí rubar i soláthar gearr mar gheall ar an Domhain

Cogadh agus taighdeoirí sa Cheimiceach Dow Cuideachta

Fisic Lab bhí ag iarraidh a fhorbairt solúbtha , rubair - mhaith

inslitheoir leictreach . Ceannaire fhoireann amháin - lá Otis McIntire

iarracht stiréine le chéile le iseabúitiléin , a so-ghalaithe

leachtach , faoi bhrú . Chun a chuid iontas , an iseabúitiléin

boilgeoga beag bídeach déanta laistigh den stiréine , a chruthú nua a

substaint a bhí ar 30 uair níos éadroime agus níos solúbtha ná

polaistiréin soladach . Bhí sé saor agus taise chomh maith

resistant . Bhí an polaistiréin easbhrúite glactha go tapa

ag na Gardaí Cósta US lena n-úsáid i rafta saol sé -fear . Go gairid

iarratais go leor le linn cogaidh eile ina dhiaidh sin . Dow paitinnithe

an t-ábhar mar Styrofoam i 1944 agus thug sé a

an margadh sibhialta i 1954 . Sa lá atá inniu tá sé in úsáid go príomha le haghaidh foirgneamh agus na healaíona agus ceardaíocht inslithe .

Nuair a polaistiréin lé gníomhaire séideadh gásach ,

foirmeacha sé eile substaint úsáideach a dtugtar leathnaithe

polaistiréin (EPS) . EPS comhdhéanta de polaistiréin beag Foamed

coirníní ina bhfuil na milliúin de boilgeoga aeir gafa . Tá na féidir

a múnlaithe i inslithe láidir , lightweight agus go teirmeach

soladach go bhfuil ar a dtugtar freisin thermocol , ainm a thug an

Gearmáinis BASF cuideachta ceimiceacha sa bhliain 1951 .

Sa bhliain 1954 , an Chuideachta KOPPERS INC Pittsburgh ,

Pennsylvania , d'fhorbair EPS cúr . Sa bhliain 1957 , an waxed

Comhdaíodh Cuideachta Páipéar Chicago , Illinois , an chéad phaitinn do cupáin polaistiréin . Mhaígh siad go n- modh

D'fhéadfadh cupáin a d'fhéadfaí a bheith ar siúl go compordach ' fiú a dhéanamh

Tá cé fiuchphointe uisce poured isteach an cupán . 'Mar sin féin , tá sé

raibh ach sa bhliain 1970 go bhfuil an Chuideachta KOPPERS isteach

cupáin cúr nua-aimseartha . Bhí ballaí tanaí a n- cupáin , níos lú ná

dhá uair an trastomhas de na coirníní , agus den scoth teirmeach

airíonna inslithe . Tháinig siad go luath tóir te

deochanna . Coimeádáin EPS takeout , fuaraitheoirí phicnice , tionsclaíoch

pacáistiú , agus iarratais eile ina dhiaidh sin . Mar sin féin ,

ós rud é Styrofoam substaint trademarked a úsáidtear go príomha

do insliú tógála , go docht labhairt , níl aon sórt sin

rud mar cupán Styrofoam ! Bheadh cupán EPS a bheith níos

ainm cruinn .

CHAPPALS smeach-flops / HAWAII

Smeach -flops a dtugtar freisin mar zōri (tSeapáin) , thongs

(An Astráil) , jandals (Nua- Shéalainn) , chappals Hawai (An India

agus sa Phacastáin) , agus ainmneacha go leor eile ar fud an

domhan . An t-ainm smeach-flop tháinig ó na fuaime

na sandals a dhéanamh agus ag siúl .

Sandals thong a bheith caite ar feadh na mílte bliain .

Tharlaíonn Pictiúir acu i murals ársa hÉigipte ó

4,000 RC . Bhí na samplaí is sine dá maireann a rinneadh

ó papyrus duilleoga timpeall 1,500 RC agus tá siad anois i

Músaem na Breataine . Cuireadh Luath smeach -flops a dhéantar ó go leor

ábhair cosúil le papyrus agus duilleoga pailme (An Éigipt) , hide amh

(Chéinia) , adhmad (an India) , tuí ríse (tSín agus sa tSeapáin) , siosal

duilleoga (Meiriceá Theas) , agus an gléasra yucca (Meicsiceo) .

Smeach -flops ó sibhialtachtaí éagsúla a bhí chomh maith éagsúla

poist le haghaidh an strap ladhar . Na Gréagaigh ársa chuir sé

idir an chéad agus an dara bharraicíní , is fearr na Rómhánaigh

an dara agus an tríú , agus roghnaigh an Mesopotamians

an tríú agus an ceathrú . Na Seapáine a bhí ag caitheamh

sandals zōri ó ar a laghad an tréimhse Heian (794-1185

AD) . Tugadh isteach an nua-aimseartha smeach - flop i Stáit Aontaithe

Stáit nuair a thug saighdiúirí ar ais zōri leo tar éis

Dara Cogadh Domhanda ón tSeapáin mar cuimhneachán . Tháinig siad i ndáiríre coitianta le linn na 1950í .
Bhí Smeach -flops sin

éasca a dhéanamh go raibh siad an chéad táirgí a bheith

Sheol ag go leor cuideachtaí Seapáine le linn a iar -

Téarnamh eacnamaíoch Cogadh . Mitsubishi cheannaigh amach go leor de na

na gnóthaí agus tháinig chun bheith ina onnmhaireoir mór go luath flipflops .

Bhí an chuid is mó go luath smeach -flops boinn rubair agus bhí

mar sin droch a rinneadh go ba chúis siad blisters agus ní raibh go deireanach

an- fhada . Faoi dheireadh athraíodh a ionad cuideachtaí Seapáinis Flipflop

táirgeadh a Taiwan , an Chóiré , agus ansin go dtí an tSín go dtí

costais a laghdú .

Sa lá atá inniu , smeach -flops , cosúil le jeans , a tháinig chun cinn as a n- saor, bunús oibre - aicme i chaitheamh ó lá go lá agus uaireanta

fiú amháin i faisean ard. Roinnt costas chomh beag le $ 1, agus

daoine eile a studded le criostail Swarovski costas $ 150 nó níos mó .

Sa bhliain 2011 , agus vacationing i Haváí , Barack Obama

tháinig an chéad Uachtarán Mheiriceá a ghrianghrafadh

caitheamh smeach -flops . An Dalai Lama Is maith freisin smeach -flops

agus go minic wears iad a ócáidí foirmiúla .

An raibh a fhios agat ?

Tá an dearadh simplí smeach -flops freagrach as chos go leor

agus maidir le díobhálacha cos níos ísle . Sa bhliain 2010 , sa Ríocht Aontaithe ,

oiread agus is 200,000 duine a chuaigh chuig an ospidéal le smeach - flop

gortuithe a bhaineann leo. Tá na gortuithe costas Náisiúnta na Breataine

Seirbhís Sláinte £ 40 milliún.

Plywood

' Sraithadhmad , ' a mhínigh Eolaíochta Coitianta i 1948 , 'Is

layercake na lumber agus gliú . ' Tá sé comhdhéanta de shraith tanaí ,

níos lú ná 3 mm tiubh , déanta as adhmad saor a glued

le chéile, le sraitheanna in aice a bhfuil a n- gráin ar dheis

uillinneacha chéile . Tá graining tras den sórt sin an- tábhachtach do mhéadú an neart agus marthanacht sraithadhmaid .

An Egyptians invented foirm sraithadhmaid thart ar 3500

RC . Le linn ganntanas adhmad , thosaigh siad sraitheanna tanaí pasting

adhmad de daor ar bharr na painéil níos saoire . Faoi 1000 AD ,

na Síne a bhí adhmad bearrtha agus gluing sé le chéile go

troscán a dhéanamh . An Béarla, Fraincis agus Rúiseach freisin

Thuig an prionsabal ginearálta sraithadhmaid ag an 17ú

agus an 18ú haois . Rinneadh sraithadhmaid Luath dhéantar de ghnáth as

crua-adhmad maisiúil agus a úsáidtear le haghaidh troscáin tí .

Eisíodh an chéad phaitinn do shraithadhmad nua-aimseartha i 1865

le John K. Mhaigh Eo na Nua-Eabhrac . Thuig Mhaigh Eo

prionsabal na tras graining , ach ní thráchtálú sé

a aireagán .

Sa bhliain 1905 , an Chuideachta Déantúsaíochta Portland , beag

mhonarcha adhmaid - bhosca i Portland , Oregon , thosaigh

monarú sraithadhmaid ó éagsúlacht de bogadhmaid cosúil leis an ghiúis Douglas áitiúil . D'úsáid siad scuaba péinte mar gliú

scaradóirí agus jacks teach mar cófraí agus chruthaigh roinnt

painéil le taispeáint ag Aonach an Domhain Portland bhliain .

Tá mheall siad a lán de leas agus bhí tionscail

rugadh . Go dtí thart ar 1919 , bhí sraithadhmaid a dtugtar freisin mar scála

bord , adhmad pasted , agus tógtha suas adhmaid .

Easpa greamachán uiscedhíonach dhéanamh fós sraithadhmaid

mí-oiriúnach le haghaidh úsáide fadtéarmach amuigh faoin aer . Ní raibh sé go dtí

1934 go bhfuil an Dr James Nevin , poitigéir ag Harbor Sraithadhmad

Corporation i Aberdeen , Washington , d'fhorbair

greamachán uiscedhíonach go hiomlán . De réir na 1930í déanacha , tar éis

Measadh go raibh margaíocht fhairsing , sraithadhmaid láidir

agus ábhar durable le haghaidh tithe a thógáil . Cogadh Domhanda

II chonaic sé á chur go leor úsáidí - cliathbhoscaí eile , botháin ,

beairic , báid torpedo , faoileoirí , agus báid tarrthála á roinnt

acu . Tá an tionscal choinneáil ag fás ó shin i leith .

Sa bhliain 1982 , bhunaigh an Kitply Industries Limited úsáid a bhaint as

sraithadhmaid uiscedhíonach san India . Inniu , tá an t-ábhar go minic

ach ar a dtugtar kitply . Ach roimh an , chomh luath agus is 1906 , An India

bhí tús curtha cheana féin a allmhairiú sraithadhmaid . Dhá sraithadhmaid

Cuireadh tús le monarchana i Assam i 1923-1924 , go príomha le haghaidh

dhéanamh cófraí tae . An tionscal leathnaithe go tapa le linn

Dara Cogadh Domhanda agus monarchana sraithadhmaid baint úsáide as adhmad Indiach

Cuireadh ar bun ar fud na tíre .

Lucht leanúna ELECTRIC

Innealtóir ó New Orleans ainmnithe Schuyler Wheeler

chum an chéad lucht leanúna leictreacha idir 1882 agus 1886 .

Bhí sé dhá lanna ag gabháil le mótar leictreach , ach gan aon

Cage cosanta . An Crocker & Curtis Leictreach Mótar

Cuideachta margadh modh tráchtála an táirge seo .

Gearmáinis -Mheiriceánach aireagóir Philip H. Diehl isteach

an lucht leanúna leictreacha síleála . Bhí Diehl inimirceach Gearmánach

a bhí ag obair don Amhránaí fuála Cuideachta Machine . I

1882 suite sé lann lucht leanúna ar ghluaisrothar innill fuála

agus atá i gceangal sé leis an uasteorainn , dá bhrí sin cumadh an uasteorainn

lucht leanúna , a paitinnithe sé i 1887 . Níos déanaí , mar cheann de Diehl

agus Co , a dúirt sé ina fixture solas ar an lucht leanúna an uasteorainn . Sa bhliain 1904 ,

Chuir sé comh - scoilt liathróid , a cheadaigh an treo

airflow a athrú ; trí bliana ina dhiaidh sin , bhí sé seo an

an chéad ascalach lucht leanúna .

Bhí lucht leanúna leictreacha Luath daor go leor agus bhí

úsáid ach amháin in oifigí móra nó i dtithe saibhir . an chéad

Rinneadh lucht leanúna ar phraghas réasúnta déanta ó ar fud na 1890í déanacha a

na 1920í luatha . Bhí lanna práis agus cages chuid is mó acu .

Mar sin féin , ní raibh sé i gceist i ndáiríre an cages a chosaint

an t-úsáideoir , ach na lanna lucht leanúna daor . Go deimhin , is minic

Bhí oscailtí mór go leor do leanaí a chur ar a lámha taobh istigh , as a dtiocfaidh go leor díobhálacha .

Mar thoradh ar an Chéad Chogadh Domhanda i ganntanas de phrás , a bhí

ag teastáil le haghaidh armlón , mar sin monaróirí lucht leanúna aistrigh

le cages cruach . General Electric isteach lucht leanúna le

lanna alúmanam forluí , a bhí ar siúl i bhfad níos mó

go ciúin , sna 1920í déanacha . Emerson isteach an álainn

fós feidhme Silver Swan lucht leanúna i 1932 . A dearadh Deco ealaíne

lanna alúmanam a úsáidtear , ach bhí sé bunaithe ar an cruth ar

lián luamh . Bhí sé seo lucht leanúna eala rath mór agus

is dócha chabhraigh Emerson maireachtáil ar an Spealadh Mór .

An tóir atá ag méadú de conditioners aer le linn

na 1950idí tháinig laghdú ar an éileamh ar lucht leanúna leictreacha agus

D'fhreagair monaróirí ag costais a ghearradh ar chostas

cáilíochta .

Sa bhliain 1998 , invented Meiriceánach Walter K. Boyd an highvolume

íseal- luais (HVLS) lucht leanúna an uasteorainn . bhí Boyd

córas fuarú eallaigh déiríochta , a tháirgeadh a fhorbairt

níos lú bainne nuair a bhíonn siad overheated . Chruthaigh sé mór

lucht leanúna leictreacha a úsáid 10 lanna alúmanam agus bhí

trastomhas de 8 troigh . Bhog sé go mall , ach bhí an- energyefficient

agus ní raibh ciceáil suas deannaigh . Sa lá atá inniu go bhfuil lucht leanúna HVLS

a úsáidtear go forleathan i stórais thionsclaíocha , monarchana , agus

malls siopadóireacht teasa a laghdú , agus costais fuaraithe .

CONFETTI

Confetti Tá thrown go minic ag paráidí , cheiliúradh agus

póstaí . Tá sé déanta de ghnáth ó go leor píosaí beaga

de pháipéar , Mylar , nó ábhar miotalach . Tá sé ar fáil

i réimse na dathanna agus cruthanna cosúil le réaltaí agus

snowflakes .

Is é an confetti focal Béarla a bhaineann leis an Iodáilis

milseogra den ainm céanna , a bhí beag milis

thrown traidisiúnta le linn charnabhail . Féadfaidh siad a bheith

invented i mbaile Sulmona , chúige L'Aquila ,

Lárnach Iodáil , le linn an 15ú haois , nuair a leanann siad

a mhonarú agus a dhíol fiú sa lá atá inniu . Chomh maith leis sin ar a dtugtar

mar dragée , almóinní Jordan , nó almóinní sugared , Iodáilis

confetti comhdhéanta de almóinní nó cnónna eile clúdaithe le

sraith de siúcra crua . Eascraíonn an t-ainm ó na hIodáile

confit focal , mar atá i confiture , rud a chiallaíonn torthaí a chaomhnú nó subh .

Is é an focal hIodáile le haghaidh confetti páipéir coriandoli , rud a chiallaíonn

lus an choire , a fhéadfaidh a thabhairt go i dtosach na milseáin

síolta lus an choire atá seachas almóinní .

De réir traidisiún , tá confetti hIodáile a rinneadh i dathanna éagsúla agus

thabhairt amach do aíonna ar laethanta cheiliúrtha , fillte go minic i

málaí beag déanta de líontán lightweight (fialsíoda) . Tá

bríonna traidisiúnta i leith na dathanna - gorm nó bándearg do bhaistí , dearg do laethanta breithe agus bronntaí céime , glas do

Coinní , bán le haghaidh póstaí , agus éagsúlacht na dathanna

do comóradh . Ag bainise , iad sin chun ionadaíocht a

an dóchas go mbeidh an lánúin nua a bhfuil pósadh thorthúil .

Na Breataine Ghlac confetti do póstaí , displacing an

ríse traidisiúnta , duilleoga , bláthanna nó , ag deireadh an 19ú

haois , ag baint úsáide shreds siombalach de pháipéar daite in áit

ná milseáin fíor . Saincheist 1885 de Mheiriceá Eolaíochta

blúirí taifeadadh iris de pháipéar daite á thrown

níos mó ná daoine i bPáras ar Oíche Chinn Bliana , 1881 . Faoi go luath

1900s , bhí confetti páipéar meaisín mhonarú agus a dhíol

go léir ar fud an domhain . Cascarones , bhlaoscanna uibhe confetti - líonadh

i gceist a bheith briste os cionn an ceann cara , bhí

forbraíodh i Meicsiceo le linn an 19ú haois , ina bhfuil siad

tar éis éirí coitianta le linn cheiliúradh saoire , mar shampla

Cásca , Cinco de Mayo , agus Carnival .

Confetti petal Nádúrtha , déanta as bláth Gníomhacha-triomaithe

peitil , tá bheith le déanaí tóir ag bainiseacha .

An raibh a fhios agat ?

Confetti Tá liosta i Leabhar Guinness World

Taifid . Casey Larrain California Tá an ceann is mó

bailiúchán de confetti le roinnt 1,700 cruthanna uathúil;

lena n-áirítear confetti múnlaithe ar nós madraí te , Elvis Presley ,

sióga , pirates , triomadóirí gruaige , snas ingne , lipstick agus .

cairtchlár

Tá an focal cairtchláir in úsáid ó chomh fada siar

mar 1683 , nuair a dúradh , 'An truaillí a luaitear i

Bhí leabhair ghramadaí clódóirí ' an chéid seo caite cairtchlár

nó millboard ' . An chéad boscaí cairtchlár tráchtála

Foilsíodh i Sasana i 1817 . Rinneadh na

ó pháipéar - dualgas trom a bhí fillte go agus gearrtha isteach an cruth bosca .

Tá páipéar roctha nó pleated níos láidre ná mar is gnách

páipéar . Bhí sé paitinnithe i Sasana i 1856 ag Healey agus

Allen agus bhí tóir dtús mar línéar le haghaidh fionnaidh ard

hataí . Ní raibh sé go dtí 1871 go rocach amháin - Thaobh

Cuireadh paitinnithe boird agus a úsáidtear le haghaidh loingseoireachta . an paitinne

Eisíodh Albert L. Jones Nua- Eabhrac , a bhain úsáid as

sé do bhuidéil agus simléir gloine laindéir timfhilleadh .

G. Smyth a thóg an chéad meaisín do mais - tháirgeadh

bord roctha i 1874 . Sa bhliain chéanna , Oliver Fada

feabhas ar an dearadh Jones ag cumadh nua-aimseartha

dúbailte - Thaobh bord roctha . Sa bhliain 1884 , poitigéir Sualainne

Carl F. Dahl fuarthas amach go laíon páipéir ó chrainn bogadhmaid ,

mar shampla péine , a úsáid chun a chruthú páipéar craifte diana .

Sa lá atá inniu Tá cairtchláir roctha déanta ag rocadh

sraitheanna de Paipéar kraft i gcruth athrá ' s' mheán corrugating nó cuisliú . Níos mó sraitheanna de Paipéar kraft ,

ar a dtugtar líneálacha , atá greamaithe ansin ar an dá thaobh den Cuislín .

Na hAlban a rugadh Robert Gair , printéir agus déantóir páipéar- mála

i Brooklyn , Nua-Eabhrac , chum an cairtchláir réamh - gearrtha nó

bosca cairtchlár i 1890 . Bhí aireagán Gair ar timpiste .

Lá amháin bhí sé ag priontáil ordú na málaí síl nuair a

rialóir miotail a úsáidtear de ghnáth chun crease na málaí a aistreofar i

seasamh agus iad a ghearradh ina ionad. Go gairid Gair fuair sé amach go

D'fhéadfadh sé a dhéanamh cairtchlár réamhdhéanta saor

boscaí trí ghearradh agus a creasing iad i bhfeidhm amháin.

Gair i bhfeidhm freisin ar a smaoineamh a boxboard rocach nuair a

bhí sé ar fáil go luath i rith an 20ú haois . Go gairid

Cuireadh cartáin loingseoireachta cairtchláir ionad adhmaid

cliathbhoscaí agus boscaí . Ísliú seo an meáchan foriomlán na

loingsiú agus ar deireadh thiar na costais loingseoireachta . an Kellogg

Cuideachta pioneered an úsáid a bhaint as boscaí cairtchláir mar

cartáin arbhair agus an Kieckhefer Coimeádán Chuideachta

Chicago fhorbair cartáin bhainne páipéir .

Cáiliúla ailtire Cheanada - Meiriceánach Frank Gehry

Imill isteach Éasca troscán cairtchláir le dearadh

domhain idir 1969 agus 1973 . Roinnt cuideachtaí anois

dhéanamh agus a dhíol táblaí cairtchláir , cathaoireacha agus deasca is féidir go

tacú le na mílte punt .

CLEANERS bhfolús

A lán daoine d'fhorbair an níos glaine i bhfolús . bhí

roinnt sweepers cairpéad lámh - thiomáint paitinnithe le linn na

19ú haois . Sa bhliain 1899 , John Thurman de St Louis , Missouri ,

a ceapadh renovator cairpéad thiomáint ag an aer comhbhrúite .

Mar sin féin , ní raibh meaisín Thurman ar níos glaine i bhfolús ;

shéid sé deannaigh i ngabhdán seachas sucking sé isteach

Innealtóir Béarla Hubert Booth Tá an t-éileamh is láidre

a cumadh an níos glaine i bhfolús innealta . Sa bhliain 1901 , sé

D'fhreastail ' léiriú de mheaisín Meiriceánach ag a

aireagóir ' (b'fhéidir Thurman) ag an Halla Ceoil Impireacht i Londain . Booth chonaic an deannaigh buille gléas as cathaoireacha

agus shíl mé go mbeadh sé i bhfad níos fearr má sucked sí an deannaigh

ionad . Chruthaigh sé gléas mór , leasainm an puffing

Billy , a bhí á stiúradh ar dtús ag an inneall ola agus

ina dhiaidh sin ag mótar leictreach . An caidéal folúis agus mótair

a bhí á gcoimeád i cart capall - tharraingt , as a fada

hose snaked isteach sa teach . Booth thosaigh na Breataine

Fholúis Glanadh Cuideachta (BVCC) agus scagadh a

aireagán thar na blianta amach romhainn . Fholúis glanadh

raibh a leithéid de nuachta gur cuireadh na mban sochaí i Sasana

a gcairde os cionn do pháirtithe bhfolús !

Sa bhliain 1907 , James Spangler , janitor ó Canton , Ohio , chum an chéad praiticiúil , bhfolús leictreacha iniompartha

níos glaine . Spangler bhí sé ag iarraidh feabhas a chur ar an cairpéad sean

Sweeper úsáid sé ag an obair . Tinkered sé le leictreach d'aois

lucht leanúna mótair , ceangailte sé le soapbox stapled chuig broom

láimhseáil , agus a úsáidtear le cás pillow mar bhailitheoir deannaigh . sé

ansin a thosaigh cuideachta a dhíol a aireagán ach go luath a dhíoltar

sé gnó William Hoover . Hoover athdheartha

Meaisín Spangler agus sheol an tSamhail O i 1908 .

Margaíochta nuálacha , lena n-áirítear trialacha baile saor in aisce 10 - lá

agus ó dhoras go doras salesmen , rinneadh go luath an Hoover

Cuideachta an-rathúil . Sa Bhreatain , an t -ainm Hoover

tháinig comhchiallach leis an níos glaine i bhfolús . Fiú

lá atá inniu ann , Hoovers ceann amháin cairpéid . Monaróirí eile , ar nós

mar Eureka agus Electrolux , thosaigh iomaíocht le Hoover .

Idir 1978 agus 1993 , dearthóir tionsclaíoch na Breataine James

Dyson tógtha 5000 fréamhshamhlacha sular perfected sé a bagless

níos glaine i bhfolús , a bhí i bhfeidhm ar an bprionsabal

scaradh cyclonic . Uimh monaróir nó dáileoir

Bheadh láimhseáil Dyson ar Dual Cuaranfa , mar a bheadh sé isteach ar

an margadh luachmhar do málaí deannaigh athsholáthair . sé

sa deireadh chinn a dhíol ar an táirge é féin trí

catalóga agus bhí sé ar an bhfolús is mó díol -

rinneadh níos glaine riamh . Faoi Bhealtaine 2001, bhí Dyson 52 faoin gcéad de

ar an margadh de réir luacha . Le déanaí , folúsghlantóirí robotic ,

mar shampla Roomba iRobot ar , tar éis éirí chomh maith tóir .

LOCKS

Tá Staraithe cinnte cá háit agus nuair a bhí an chéad glas

invented . Úsáideann glas warded sraith de bhardaí (obstructions)

a chuireann cosc ar an bunachar sonraí ó casadh . Tá an eochair ceart

notches meaitseáil na bardaí , rud a ligeann sé dul faoi shaoirse .

Bhí an mheicníocht invented dócha ag na Rómhánaigh

agus tá sé fós in úsáid sa lá atá inniu . Mar sin féin , nach bhfuil sé slán , ós rud é

Is féidir na bardaí a bypassed le príomh- creatlach ina

an chuid is mó notches bheith bainte as .

Bhfuil tumblers nach mór a athraíodh a ionad an chuid is mó glais eile

ag an eochair a oscailt dóibh . Is sampla an tumbler bioráin

glas , ina bhfuil sraith de bioráin na faid éagsúla a

bac ar an bolt . Ardaitheoirí an eochair ceart na bioráin , ag ceadú an

boltaí dul . An Egyptians a fhios seo prionsabal bunúsach ag

2000 RC . Locksmith Meiriceánach Linus Yale Sr invented an

sorcóireach nua-aimseartha bioráin glas tumbler i 1848 . a mhac , Yale ,

Jr , a tugadh isteach níos lú , eochair árasán i 1861 le serrated

imill d'fhéadfaí a dhéanamh i mílte éagsúlachtaí ,

dá bhrí sin feabhas a chur ar shlándáil . D'fhorbair sé freisin ar an nua-aimseartha

ghlais teaglaim i 1862 .

Locksmith Béarla Joseph Bramah paitinnithe an Bramah

glas sábháilteachta sorcóireach i 1784 . A sofaisticiúla

mheicníocht a úsáidtear sé plátaí miotail mar tumblers . Sa bhliain 1790, ar taispeáint Bramah Lock
Dúshlán ina bhfuinneog siopa ,

suite ar bord a léamh:

An t-ealaíontóir ar féidir leo a dhéanamh ionstraim a phiocadh nó a oscailt

Beidh sé seo loc a fháil ar 200 ghiní na huaire tá sé a tháirgtear .

Measadh go raibh an glas unpickable ar feadh 67 bliain go dtí

Locksmith Meiriceánach Alfred Hobbs oscail sé agus bhí

Bronnadh an duais . Iarracht Hobbs ' de dhíth 51 uair an chloig ,

scaipthe thar 16 lá .

Glas tumbler Lever úsáid sraith de luamháin , is minic a cúig nó seacht

acu , mar tumblers . Bhí siad invented san Eoraip i

an 17ú haois . Robert Barron Shasana paitinnithe

leagan dúbailte ag gníomhú di i 1778 gur gá na luamháin

a ardú go dtí airde áirithe a oscailt an bunachar sonraí, dá bhrí sin

slándála a fheabhsú . Tá sé in úsáid go fóill sa lá atá inniu , go háirithe

do safes agus príosúin . Jeremiah Chubb de Portsmouth ,

Sasana, invented glas brathadóir i 1818 . Seo luamhán

Bhí glas tumbler gné slándála tábhachtach : jammed sé

nuair a rinne duine éigin chun cur isteach air .

Bhí invented an glas tumbler diosca ag Emil Henriksson

sa bhliain 1907 . Tá sé slotted dioscaí rothlach a fheidhmíonn mar tumblers .

Is é an mheicníocht durable agus ní féidir iad a bumped , is é sin ,

oscail le eochair bump speisialta , murab ionann agus glas tumbler bioráin .

Le déanaí tá glais leictreonach freisin bheith tóir .

RIALÚ Iargúlta

Aireagóir Seirbis -Mheiriceánach Cáiliúla Nikola Tesla

forbartha ar cheann de na samplaí is luaithe de na nua-aimseartha

rialú iargúlta . Sa bhliain 1898 , léirigh sé radiocontrolled

bád le linn taispeántais ag Madison Square

Gairdín , Nua- Eabhrac . Go gairid ina dhiaidh sin , innealtóir Spáinnis

Leonardo Torres - Quevedo fhorbair iargúlta gan sreang

córas rialaithe d'iarr sé ar an Telekino . Sa bhliain 1906 , Torres

rialú rathúil bád inneall - tiomáinte i Bilbao

cuan ón gcósta , níos mó ná míle ar shiúl , i láthair

an Rí na Spáinne agus go leor eile .

Forbraíodh an chéad iargúlta teilifíse i 1950 ag an

Zenith Leictreonaic Corp Chicago . Uachtarán Zenith ar

ag iarraidh a gléas a fhorbairt chun ' tune amach annoying

commercials ' . Tugadh ardmholadh dá gcéad iargúlta , ar a dtugtar Cnámha leisciúil , bhí

ceangailte leis an teilifís le sreang ach ba chúis go minic

tripping . Zenith fhorbairt ansin rialú iargúlta gan sreang ,

an Flashmatic . D'oibrigh sé le shining ga solais isteach

Teilifíse atá feistithe le ceithre cealla fhótaileictreach . Ach daoine is mó

dearmad a cill rinne cad agus bhí siad go minic a tharraing

foinsí eile solais .

Sa bhliain 1956 , aireagóir hOstaire -Mheiriceánach Dr Robert Adler

d'fhorbair an Spás Zenith Ordú fadhbanna seo a réiteach . Bhíodh sé ultrafhuaime chun comharthaí a tharchur chuig an teilifís .

Bhí sé múnla bunaidh meicniúil - ceithre slata alúmanaim

ghin an toin ultrafhuaime . An próiseas a tháirgtear ar

cliceáil inchloiste aon uair a bhí brúite an cnaipe , as a

Tagann an clicker téarma nua-aimseartha .

Ba iad na chéad aonaid Spás Ordú daor mar gheall ar

n- úsáidtear glacadóirí sé feadáin bhfolús , ardú praghas

teilifís tríocha faoin gcéad . Sna 1960í luatha , thosaigh remotes

úsáid a bhaint as trasraitheoirí agus bhí níos saoire agus níos lú . Zenith

Thosaigh rialuithe beag ceallraí-oibriú iargúlta a chruthú

go criostail piezoelectric a úsáidtear , in ionad alúmanam

slata , ultrafhuaime a ghiniúint . Ultrasonach rialuithe iargúlta

bunaithe ar fhan dhearadh Adler ar tóir an chéad cheann eile 25

bliana . Ach bhí siad áit in aice foirfe . aon nádúrtha

D'fhéadfadh a tharlaíonn torann tús leis an glacadóir thaisme agus

D'fhéadfadh peataí éisteacht leis an comharthaí ultrasonaic . Sa bhliain 1980 , Cheanada

chuideachta atá ainmnithe Viewstar sheol rialú iargúlta

go úsáidtear infridhearg ionad ultrafhuaime . Na mba

rath láithreach agus remotes infridhearg ó Viewstar ,

Zenith , agus cuideachtaí eile a thosaigh go luath chun tionchar an-mhór ar an

margadh .

Faoi na 2000í luatha , bhí líon mór de an chuid is mó tithe

gléasanna leictreonacha , gach ceann acu le iargúlta . Anois tá fiú

iargúlta - rialaithe leithreas , C3 Kohler !

FOIRMLE INFANT

Is fíric undisputed go bhfuil bainne cíche an bia is fearr

do naíonáin . I bhfad níos túisce , mná a bhí ann

chíche - beatha a gcuid leanaí a úsáidtear a bheith ag brath ar dhaoine eile cosúil fliuch

altraí chun beatha iad bainne cíche . Mar sin féin , le linn na

19ú haois , thosaigh daoine chun beatha leanaí bainne ó

bó , gabhar, capall , agus fiú asail . Bhí bó bainne

an ceann is coitianta .

Mar sin féin , bhí buidéal chothaithe leanaí den sórt sin chomh sláintiúil,

cinn cíche - chothaithe agus d'fhulaing ó dehydration agus trína chéile

goilí . Sa bhliain 1838 , eolaí Gearmánach Johann Franz Simon fuarthas amach go raibh bainne bó i bhfad níos airde i próitéine ach

níos ísle i carbaihiodráití ná bainne daonna . Dochtúirí ansin

le fios go máithreacha cuir uisce , siúcra , agus uachtar a

é a dhéanamh níos mó cosúil le bainne cíche .

Forbraíodh an chéad foirmle do naíonáin iarbhír i 1860 ag

Eolaí Gearmánach Justus von Leibig . Naíonán intuaslagtha Leibig ar

Bia meascán púdraithe de plúr cruithneachta , díhiodráitithe

bó bainne , plúr braiche , agus décharbónáite potaisiam a

a bhí le bheith measctha le bainne bó te ar . an Nestlé

Cuideachta na hEilvéise tháinig go luath suas leis a gcuid féin

foirmle a bhí cosúil leis Leibig , ach níos saoire . Sa bhliain 1919 , foirmle do naíonáin nua ar a dtugtar SMA (Sintéiseach

Oiriúnú Bainne) D'fhorbair SMA Cothú na

Michigan . In ionad sé saill bainne le seachtháirgí ainmhithe agus glasraí

Saillte agus fiú le fáil ola ae troisc . Cúpla bliain ina dhiaidh

Nestlé isteach Lactogen , déanta as glasraí

ola , mar iomaitheoir do SMA .

I lár na 1920í - , cuireadh tús foirmle ollmhór Similac i

Boston , Massachusetts . Bhí Foirmle a meascán

bainne bó , ola glasraí , cailciam , fosfar agus

salann . Fuair sé a ainm toisc go raibh sé supposedly sin den chineál céanna

a lachtadh . Fós ní raibh a lán daoine a úsáid

foirmle do naíonáin mar gheall ar a chostas ard. Sa bhliain 1883 , John B.

Myenberg invented próiseas chun deireadh a chur siúcra ó

galaithe bainne . Daoine eile a cuireadh ansin bó bainne , arbhar

síoróip , agus uisce a chruthú saor, saor ó shiúcra

foirmle do naíonáin a bhí éasca a díolama . Naíonáin a chothú ar

D'fhás sé díreach chomh maith le naíonáin breastfed agus ag na 1930í ,

Cuireadh foirmle do naíonáin ag éirí an- tóir .

Sna 1950í déanacha , thosaigh Similac cur iarann , mar gheall ar

leanaí foirmle - chothaithe claonadh a iarann - easnamhach i gcomparáid

do leanaí diúil a léiriú. Ós rud é 1970idí , go leor eile

feabhsúcháin déanta ar bainne foirmle do naíonáin a thabhairt

sé mar go leor buntáistí bainne cíche agus is féidir .

Q - TIPS

Táithíní Cadás , bachlóga cadás , bachlóga cluaise nó comhdhéanta de beag

Wad de chadás fillte ar fud amháin nó an dá foircinn le gairid

slat , de ghnáth déanta as ceachtar adhmaid , páipéar nó plaisteach rollta .

Polainnis - rugadh Mheiriceá Leo Gerstenzang , a bhí ina gcónaí i Nua

Eabhrac , chum an swab cadás sna 1920idí . ar

breathnú ar a bhean chéile ascart de chadás a bhaineann le toothpicks

in iarracht chun teacht ar crua-le - glan réimsí , Gerstenzang ,

a bhí an bunaitheoir bunaidh an Q - leideanna Cuideachta ,

Bhí an smaoineamh de mhonarú amháin - píosa réidh - le - húsáid

cadás swab . Sa bhliain 1923 , bhunaigh sé an Gerstenzang Leo

Naíonán Co Nuachta , gnólacht a chur ar an margadh cúram leanbh

gabhálais . A táirge , a bheidh ainmnithe aige Gays Baby agus ina dhiaidh sin Q - leideanna Gays leanbh , chuaigh sé ar a bheith ar an chuid is mó go forleathan

dhíol branda -ainm - Q - leideanna , áit a raibh an Q haghaidh cáilíochta .

Níl an bunús an t-ainm leanbh Gays soiléir .

Sa bhliain 1958 , cheannaigh an Q - leideanna Cuideachta bataí Páipéar

Ltd Shasana , bataí monaróir de pháipéar do na

trádáil milseogra . Ba é innealra dhiaidh sin

thabhairt go dtí na Stáit Aontaithe agus a úsáidtear a mhonarú Q - tip

Táithíní cadás Páipéar applicator . Seo a rinneadh Q - leideanna ar fáil

sa dá cineálacha bata adhmaid agus páipéar . bataí adhmaid

Cuireadh deireadh leis sa deireadh sna 1980í . Fhrithmhíocróbach

Seoladh Q - leideanna i 1998 . Iarrachtaí le déanaí dírithe ar a dhéanamh ar an táirge níos cairdiúla don chomhshaol ,

mar shampla ag athrú an plaisteach a úsáidtear le haghaidh an bata a PET

(poileitiléine poileitiléin) , a úsáid freisin le haghaidh

dhéanamh buidéil deochanna boga . I mí na Samhna 2011, na nua

Dearbhaíodh Q - leideanna a bheith in-bhithmhillte .

An téarma Q - leideanna a úsáidtear go minic mar an t-ainm cineálach do cadáis

táithíní . Sa lá atá inniu , beagnach 26 billiún táithíní Q - leideanna cadás

Tá tharringeofar suas gach bliain . Ach tá siad a thuilleadh a úsáidtear

go heisiach do naíonáin . Daoine a úsáid iad gliú a chur i bhfeidhm

ar thionscadail cheardaíochta , glan amach gléasanna leictreonacha , bain

a dhéanamh suas , méarchláir ríomhaire glan agus crua - toreach eile

áiteanna , DIRT agus smionagar a bhaint as a gcuid madraí ' agus

cluasa seachtrach cait ' , collectibles deannaigh , iarratas a dhéanamh ointments , péint

samhlacha , agus i bhfad níos mó .

An raibh a fhios agat ?

Is é an úsáid a bhaint as táithíní cadás a ghlanadh an chanáil chluas a bhaineann

gan aon sochair leighis agus a chruthaíonn rioscaí cinnte . Is féidir é a

a chur faoi deara externa otitis , ar a dtugtar freisin mar cluaise swimmer ar , ar

athlasadh na cluaise agus cluas chanáil seachtrach go bhfuil na torthaí

i earache . Tá sé freisin ar cheann de na cúiseanna is coitianta de

eardrum bréifneach , a éilíonn uaireanta máinliacht

a cheartú .

FIACLÓIREACHTA floss

Tá floss Fiaclóireachta dhéanamh ar cheachtar carn de níolón tanaí

filiméid nó plaisteach mhaith Teflon nó poileitiléin , nó síoda

ribín , agus tá sé a úsáidtear chun bia agus plaic fiaclóireachta a bhaint

ó fiacla . D'fhéadfadh sé a bhlaistiú ná unflavored , waxed

nó unwaxed . Aontaíonn Fiaclóirí go flossing sa bhreis ar

Laghdaíonn fiacail scuabadh gingivitis , a bhfuil galar drandail

go minic de bharr buildup plaic , i gcomparáid le fiacail

scuabadh ina n-aonar .

Levi Spear Parmly , fiaclóir ó New Orleans é ,

creidiúnaithe leis inventing an fhoirm chéad flas fiacla .

Mhol sé gur chóir do dhaoine a ghlanadh a gcuid fiacla

le snáithe síoda tanaí , i leabhar , Treoir Phraiticiúil do na

Bainistíochta na fiacla , a foilsíodh i 1819 . Mar sin féin ,

Bhí flas fiacla ar fáil do na tomhaltóirí go dtí go

Codman agus Shurtleft Company, atá lonnaithe i Randolph ,

Massachusetts , thosaigh a tháirgeadh agus a mhargú humanusable

floss síoda unwaxed i 1882 . Ina dhiaidh seo sa

1896 ag an chéad flas fiacla ó Johnson & Johnson

Corparáide , a thosaigh gnó a leanann fiú

lá atá inniu ann . An chuideachta New Jersey - bhunaithe a fuarthas an chéad

paitinn do flas fiacla i 1898 . Rinneadh n- táirge

as an ábhar síoda céanna a úsáid ag dochtúirí le haghaidh fuála

wounds . Brandaí go luath eile bhí Croise Deirge , Salter leac Co , agus Brunswick .

Tá flossing a luadh i ficsean liteartha ó

20ú haois . Mar shampla , tá carachtar léirítear

úsáid a bhaint as flas fiacla i úrscéal cáiliúil James Joyce Ulysses .

Ach ní raibh floss úsáidtear go forleathan roimh an Dara Cogadh Domhanda . Timpeall

an am seo , d'fhorbair Mheiriceá Dr Charles C. Dord níolón

floss , is dócha toisc go raibh a ghearradh ar an Seapáine as an

Soláthar SAM de síoda . Chinn sé go raibh floss níolón níos fearr

ná síoda mar gheall ar a friotaíocht abrasion níos fearr agus

elasticity . Tar éis seo , flossing luath tháinig an- tóir i

na Stáit Aontaithe . An úsáid a bhaint as níolón ceadaithe freisin d'fhorbairt

de céirithe flas sna 1940idí agus téip fiaclóireachta sna 1950í .

Dord in iúl freisin agus curtha chun cinn ar an teicníc Dord na

Brushing fiacail . Mar gheall ar seo , tá sé dá dtagraítear uaireanta

mar an Athair na Coisctheach Fiaclóireacht .

Ó shin i leith , tá an éagsúlacht i dtáirgí flas fiacla

leathnú chun ábhair nua cosúil le Gore - TeX ,

agus uigeachtaí éagsúla cosúil le floss spongy agus floss bog .

Mar fhreagra ar imní comhshaoil , flas déanta as

Tá ábhair in-bhithmhillte ar fáil freisin . nua Eile

Áirítear ar tháirgí floss le foircinn stiffened , a bhfuil

a ceapadh chun a dhéanamh níos éasca flossing dóibh siúd a bhfuil braces nó

fearais fiaclóireachta eile .

spéaclaí

Téann an fhianaise is luaithe de formhéadú optúla ais

chun na hÉigipte ársa . Roinnt hieroglyphs Éigipteach ón

5ú haois RC thaispeáint lionsaí gloine simplí . Le linn na

1ú haois AD , Seneca an óige , do theagascóir Impire

Nero na Róimhe , scríobh : ' Litreacha , cuma cé chomh beag agus

indistinct , atá le feiceáil a mhéadú agus níos soiléire trí

chruinneog nó gloine líonadh le huisce ' .

Is é an úsáid a bhaint as lionsaí dronnach chun foirm íomhánna magnified

pléadh i eolaí Arabacha Leabhar Alhazen de Optics scríofa

i 1021 . Ba é aistriúchán go Laidin sa 12ú haois

uirlise leis an aireagán spéaclaí san Iodáil timpeall

Bhí 1286 . Spéaclaí Luath ríomhaire boise agus déanta ó dhá

píosaí dronnach gloine nó criostail . Rinneadh gach timpeallaithe ag

fráma le láimhseáil ceangailte ag rivet . an luaithe

Tá fianaise phictiúrtha Tommaso da Modena ar 1352 portráid

Cardinal Hugh de Provence .

Faoi dheireadh an 14ú haois , na mílte spéaclaí

bhí á onnmhairiú ó thír go tír ar fud

Eoraip . An Dukes of Milano ordaigh rá

Eyeglasses Florentine ag na céadta a thabhairt ar shiúl mar

bronntanais do courtiers , agus radharceolaithe tháirgtear araon dronnach agus

lionsaí cuasach láidreachtaí éagsúla i gcainníochtaí móra . Ach bhí sé ach amháin i 1604 a foilsíodh eolaí Johannes Kepler

an chéad míniú ceart ar conas dronnach agus cuasach

lionsaí ceartaithe i bhfad agus in aice - sightedness (presbyopia

agus myopia , faoi seach) . An Polymath Mheiriceá ,

Benjamin Franklin , a d'fhulaing ó myopia araon agus

presbyopia , invented bifocals sna 1780í . annoyed ag

a bhfuil a aistriú i gcónaí spéaclaí , gearrtha Franklin a

gloiní léitheoireachta i leath agus comhleádh dóibh a achar

spéaclaí . I mí na Bealtaine 1785, scríobh sé : ' Mar a chaitheamh mé mo chuid spéaclaí féin

i gcónaí , tá mé ach chun bogadh mo shúile suas nó síos , mar atá mé

ag iarraidh a fheiceáil go soiléir fada nó in aice , leis an spéaclaí cuí á

An chéad lionsaí réidh i gcónaí . 'do astigmatism a cheartú

Tógadh an réalteolaí na Breataine George Airy

i 1825 .

Eyepieces Luath Bhí ceachtar láimhe nó pince nez - , a

a shocraítear ar an srón ag brú . Bhí frámaí Nua-Aimseartha

curtha le chéile ag 1727 , b'fhéidir ag an radharceolaí Breataine

Edward Scarlett , ach ní raibh éirigh go dtí an luath-

19ú haois .

Go luath an 20ú haois , d'fhorbair Zeiss Punktal

lionsaí pointe - fócas sféarúil gur mó eyeglass

lionsaí ar feadh blianta fada . Sa lá atá inniu , frámaí eyeglass fada buan

déanta as cóimhiotail cruth - mhiotal atá ar fáil go forleathan . Tá na

frámaí ais chuig a cruth ceart tar éis a bheith lúbtha .

ÉISTEACHTA SEIF

Is é an chéad fhianaise ar áis éisteachta i leabhar , dar teideal

Naturalis Magiae (Magic Nádúrtha) , a foilsíodh i 1588 .

Sa imleabhar seo, údar Iodáilis Giovanni Battista Porta

Pléann áiseanna éisteachta adhmaid snoite i cruthanna na

cluasa a bhaineann le hainmhithe éisteachta maith , mar shampla

cait . I rith na 1600í agus na 1700í , éisteacht stoic cúnaimh

Bhí tóir . Bhí siad leathan ag foirceann amháin fuaime a bhailiú ,

caol ag an taobh eile chun a ordú fuaime aimplithe isteach

cluaise , agus déanta as adharc ainmhithe , sliogáin mhara , gloine , agus níos déanaí

copar agus práis . Bhí Ludwig van Beethoven suntasach

úsáideoir trumpaí áiseanna éisteachta .

I rith na 1700í , bhí a aimsíodh sheoladh cnámh . seo

Tarchuireann próiseas vibrations fuaime go díreach tríd an

cloigeann chuig an inchinn . Cuireadh feistí lucht leanúna - chruthach Beaga

taobh thiar de na cluasa a bhailiú dtonnta fuaime agus a ordú dóibh trí na cnámha beag taobh thiar de na cluaise . An chéad fullscale

Ba monaróir áiseanna éisteachta Frederick Rein ar

Londain i 1800 . Chuir sé trumpaí cluaise , lucht leanúna éisteacht ,

agus feadáin comhrá .

I rith an 19ú haois , áiseanna éisteachta i bhfolach nó dofheicthe

bhí tóir . Tháinig siad gabhálais cóiriú maisiúil ,

lánpháirtiú i couches , coiléar , stíleanna gruaige , agus éadaí . Roinnt iarracht a cheilt orthu i féasóga iomlán. Baill de

ríchíosa fiú amháin go raibh áiseanna tógtha ar dheis isteach ina gcuid gcathaoireacha éisteacht ,

le feadáin speisialta ionchorprú isteach an armrests a bhailiú

na guthanna na n-ábhar kneeling . Cuireadh threorú sin isteach

dlísheomra macalla speisialta agus amplified roimh teacht chun cinn

ó oscailtí in aice leis an monarc a ceann.

Tógadh an chéad áiseanna éisteachta leictreonach tar éis

Alexander Graham Bell invented an teileafón i 1876 .

Bell fuaime amplified go leictreonach ina bhfón trí

micreafón carbóin agus ceallraí . Bhí an coincheap

arna nglacadh ag monaróirí áiseanna éisteachta . Ceann de na chéad

áiseanna éisteachta iniompartha doiciméadaithe a bhí ag JC Chester

ó Montana . Bhí na áiseanna éisteachta cumbersome

boscaí ina bhfuil sreanga infheicthe agus na ceallraí trom

ach mhair cúpla uair an chloig . Sa bhliain 1899 , Miller Reese Hutchison

na Cuideachta Akouphone paitinnithe an chéad praiticiúla

áis éisteachta leictreach ag baint úsáide as tarchuradóra carbóin agus

ceallraí . Bhí sé chomh mór go raibh sé chun suí ar an tábla .

Tá breis forbartha ar áiseanna éisteachta dírithe ar

miniaturization , an chéad leis an úsáid a bhaint as feadáin bhfolús ,

ansin ciorcaid trasraitheoirí , agus ar deireadh . Zenith

Sheol an garchabhair gach éisteacht trasraitheora i 1952 . Inniu,

Tá áiseanna uile - digiteach ríomhchláraithe éisteacht beag go leor

a d'oirfeadh compordach taobh thiar de na cluaise .

POLAINNIS ingne & remover

Dátaí staining de tairní léir ar an mbealach ar ais go dtí an tSín ársa

agus an tSeapáin . An Egyptians ársa dhaite freisin tairní le

henna , cé maisithe Incas a fingernails le

pictiúir de hiolair . Portráidí na hEorpa ón 17ú

agus an 18ú haois a thaispeáint lonrach , tairní snasta . De réir an

tús an 19ú haois , bhí tairní á tinted

le Olaí dearg scented agus ansin snasta nó buffed le

éadach chamois , seachas díreach snasta . na hEorpa

agus cookbooks Mheiriceá ar an 19ú haois a bhí fiú

treoracha le haghaidh a dhéanamh péinteanna ingne . Ansin, sa 19ú agus

20ú haois go luath , chuaigh tairní ar ais go dtí a bheith snasta

seachas péinteáilte . Daoine a massaged púdair tinted agus

uachtair i n-ingne agus ansin buffed lonracha iad .

An Northam Warren Chuideachta na Stamford , Connecticut ,

Sheol Cutex i 1911 . Bhí an táirge sliocht cuticle ,

mar sin, an t-ainm gearrtha - sean . Cutex a tháirgtear an chéad imreacha ingne i 1914 . Sa bhliain 1917 , thug siad an chéad leacht daite

ingne Polish le gluaisteán chríochnú péint oiriúnú . Faoi 1925 ,

snas ingne leacht tosaigh ar an margadh . Sa bhliain 1928 , Cutex

isteach remover aicéatón - bhunaithe a bhí sábháilte do

úsáid sa bhaile agus méadú a dhíol snas ingne i measc

mná óga . Charles Revson , a dhearthair Máirtín

Revson , agus ainmneacha poitigéir Charles Lachman thosaigh an Charles Revson Cuideachta i Nua-
Eabhrac . Ag obair

do bhí siad ar Fraince ealaíontóir a dhéanamh suas ar a dtugtar Michelle

Menard . Bhí spreag Menard ag an enamel a úsáidtear le haghaidh

gluaisteáin péinteáil agus wondered más rud é go bhféadfadh na teicnící céanna

a úsáid chun a chruthú fada buan snas ingne . An bhunaitheoirí

Shíl an chuideachta go raibh an táirge féideartha , agus

bun monarcha a mhonarú é . An chuideachta Athainmníodh

féin Revlon , áit a raibh ' L ' le haghaidh Lachman , agus thosaigh

ag díol an chéad snas ingne nua-aimseartha i 1932 trí áilleacht

agus salons gruaige . Níos déanaí a tugadh isteach siad lipsticks a mheaitseáil

an snas ingne agus 1937 , thosaigh a dhíol a gcuid táirgí a

trí siopaí roinn agus drugaí . An dá Cutex agus

Revlon fós brandaí móra sa lá atá inniu .

An cineál is coitianta de ingne Polish remover lá atá inniu fós

Úsáideann aicéatón , atá láidir agus éifeachtach ach harsh

ar craicinn agus tairní . Is féidir é a úsáid freisin a bhaint saorga

tairní , a dhéantar de ghnáth de aicrileach . an coitianta

Tá rogha eile a dtugtar ach snas ingne neamh - aicéatón

remover agus tá aicéatáit eitile de ghnáth . Is é seo lú

tuaslagóir ionsaitheach agus dá bhrí sin is féidir iad a úsáid a bhaint ingne

Polish ó tairní saorga . Baineann sláinte a bhaineann

leis go bhfuil na removers tugadh isteach le déanaí

táirgí go hiomlán nádúrtha agus in-bhithmhillte .

steallairí

Is é an focal steallaire dhíorthaítear as an focal Gréigise συριγξ

(syrinx) a chiallaíonn feadán . An úsáid a dtugtar sine de steallairí

Bhí san India , i gcás ina steallairí móra atá fós in úsáid chun squirt

uisce daite le linn na féile Hindu na Holi . an

steallairí loiní chéad le haghaidh úsáid leighis , cosúil le steallairí sróine ,

Forbraíodh i aimsir na Rómhánach . Sa 9ú haois AD ,

an hlaráice / Éigipteach Máinlia Ammar ibn ' Ali al - Mawsili '

Chruthaigh steallaire ag baint úsáide as log (hypodermic) snáthaid,

feadán gloine log , agus trí shúchán d'fhonn cataracts bhaint as

súile na n-othar . Sa bhliain 1844 , dochtúir Éireannach Francis Rynd

reinvented an tsnáthaid log agus úsáidtear é chun an

instealltaí chéad taifeadadh subcutaneous .

An chéad paitinní steallaire le John agus Frederick Weiss bhí

a tógadh amach i 1824 agus 1851 faoi seach . Alexander Adhmad ,

dochtúir na hAlban , chum an hypodermic leighis

steallaire i 1853 . le chéile sé steallaire miotail le

log snáthaid biorach fíneáil go leor chun Pierce an craiceann gan gearradh ar oscailt . Léirigh obair an Dr Wood

go raibh steallairí hypodermic úsáideach sa leigheas .

Timpeall an am céanna , Charles Pravaz , Máinlia ó

Lyon , An Fhrainc , forbartha go neamhspleách gléas den chineál céanna

go raibh tóir mar an Steallaire Pravaz . Bhí sé loine tiomáinte ag scriú mar sin d'fhéadfadh sé a riaradh dosages cruinn .

Máinlia Eile Fraince , LJ Béhier , rinne Pravaz ar

aireagán a dtugtar ar fud na hEorpa .

An BD , nó Becton , Dickinson agus Cuideachta , lia

gnólacht ionstraim a bunaíodh , i 1897 . I mí Dheireadh Fómhair na

bliana , dhíol siad a gcéad luer hypodermic uile - gloine

steallaire . De réir na 1800í déanacha , bhí steallairí den sórt sin go forleathan

ar fáil ach ní raibh go leor drugaí insteallta faoi na

margadh . Ansin , i 1921 , fuarthas amach insulin . Bhí sé a

a instealladh díreach isteach i sruth na fola , agus tá sé seo a cruthaíodh

margadh nua le haghaidh snáthaidí hypodermic . B.D. thosaigh ag díol

ar steallaire insulin do diabetics i 1924 .

Sa bhliain 1946 , Faill Bráithre na Birmingham , Sasana ,

a tháirgtear an chéad steallaire uile - gloine le inmhalartaithe

bairille agus plunger , a shimpliú an mais - steiriliú

steallairí . Sa bhliain 1954 , B.D. cruthaíodh an chéad mais - tháirgtear

steallaire indiúscartha agus snáthaid . Forbraíodh é i gcás maise

riaradh an vacsaín polaimiailítis nua Salk a Meiriceánach

leanaí . Sa bhliain 1955 , Táirgí ROEHR isteach an Monoject ,

an chéad steallaire indiúscartha hypodermic déanta as plaisteach ,

le leanúint ag B.D. leis an Plastipak , i 1961 . Plaisteacha steallairí in ionad luaithe cinn gloine sa mhargadh . Anois

cuideachtaí ag forbairt micrea - steallairí do painlessly

Sheachadadh rialú go beacht méideanna na ndrugaí .

sunglasses

Daoine Ionúiteach Ársa , ar a dtugtar níos fearr mar Eskimos , chaith

gloiní déanta de Eabhair walrus leacaithe gréine chun bealach

glare . Bhí na spéaclaí scoiltíní caola chun breathnú tríd .

Sunglasses déanta as pánaí comhréidh de Grianchloch deataithe , a

freisin cosanta na súile ó glare , á n-úsáid i

TSín ag an 12ú haois . Doiciméid síos freisin

an úsáid a bhaint sunglasses criostail den sórt sin ag breithiúna i ársa

Cúirteanna na Síne a cheilt a gcuid téarmaí facial fad

finnéithe a cheistiú .

Radharceolaí Béarla James Ayscough thosaigh ag tástáil

le lionsaí tinted i spéaclaí timpeall 1752 . Ayscough

chreid go bhféadfadh gloine gorm nó glas - tinted cheartú

lagú radhairc ar leith . Spéaclaí tinted ar lean

a bheidh forordaithe leighis ar fud an 19ú haois .

I 1900s luatha , bhí an úsáid a bhaint sunglasses níos mó

forleathan , go háirithe i measc réaltaí scannán . Tá sé coitianta

Creidtear go raibh an aitheantas a sheachaint ag lucht leanúna , ach

D'fhéadfadh sé a bheith chomh maith chun iad féin a chosaint ó na lampaí stua cumhachtach a úsáidtear ar Leagann scannán comhaimseartha .

Sam Foster isteach saor mais - tháirgtear

sunglasses go Meiriceá i 1929 . chothú aimsigh réidh

margadh ar na tránna na Atlantic City , New Jersey , áit ar thosaigh sé ag díol sunglasses faoin ainm Deontas Foster .

Bhí Sunglasses luath ar buile .

Sna 1930í , na Stáit Aontaithe an Airm An tAerchór

choimisiúnaigh an ghnólachta optúla de Bausch & Lomb a

spéaclaí go mbeadh píolótaí a chosaint ó na tháirgeadh

contúirtí a bhaineann le dalladh ard-airde . Chruthaigh siad sunglassspecific

cuideachta ar a dtugtar Ray - Ban , ghearr do thoirmeasc

sunrays , a chruthú ar an chéad sunglasses The Aviator - stíl .

Sunglasses Polarised bhí ar dtús in 1936 , nuair a

Thosaigh aireagóir Mheiriceá Edwin H. Talún tástáil

le lionsaí polaraithe . Ray - Ban The Aviator deartha frith - glare

sunglasses stíl i 1936 ag baint úsáide as teicneolaíocht Talún . siad

úsáid fráma beagán drooping a sciath maximally ar

súile The Aviator , a chaithfear Sracfhéachaint arís agus arís eile síos

i dtreo painéal ionstraim an eitleáin . Eisíodh fliers

na sunglasses The Aviator Ray - Ban ag aon táille agus an

Thosaigh an phobail iad a cheannach i 1937 .

Tá sé Creidtear go raibh sunglasses i ndáiríre ' fionnuar ' le linn

An Dara Cogadh Domhanda . An stíl Wayfarer , an sunglass fearr a dhíolann

dearadh i stair a rugadh , i 1953 . fógraíochta cliste

feachtas Grant Foster sna 1960í , ag baint úsáide as Hollywood

cáiliúla agus an tagline Cé Taobh thiar na Deontais Altrama ?

chabhraigh a dhéanamh sunglasses fiú níos mó faiseanta .

uachtar bearradh

Rinneadh doiciméadú foirm primitive de uachtar bearradh i
Sumeria thart ar 3000 RC . Tá meascán de alcaile adhmaid
agus saill ainmhíoch atá in úsáid chun féasóga mar bearrtha
ullmhú , cosúil leis an mbealach fionnaidh Baineadh ó
seithí ainmhithe . An Egyptians ársa a bhí i measc na
an chéad cultúir a chur bearrtha dáiríre ; úsáid siad ainmhithe
Saillte agus olaí mar bealaí do rásúir déanta as cré-umha .
Bearbóirí Gréige agus na Róimhe olaí nó soaps nuair a úsáidtear go minic
wielding rásúir iarainn . Ní raibh mórán dul chun cinn a thuilleadh
i bearradh nó a bearrtha gallúnacha go dtí na 1700í .
Sna 1800í , tháinig gallúnacha sobal ard mar speisialaithe
táirge a úsáid ach amháin le haghaidh bearrtha . Gallúnacha bearradh den sórt sin
Dearadh a chruthú níos déine , níos faide a mhair sobal
ná gallúnacha rialta . An chéad le feiceáil timpeall 1840 ,
nuair a thosaigh Vroom agus Fowler na Nua -Eabhrac a dhíol
gallúnach tiubhaithe a foamed . Ainmnithe siad é Walnut
Ola Míleata Bearrtha Gallúnach . I 1900s luatha , Mheiriceá
luibheolaí agus aireagóir George Washington Carver a cruthaíodh
uachtar go raibh sé éasca a stóráil agus a lathered suas nicely ,

rud a ligeann an rásúir a glide réidh thar an gcraiceann .

Tá gallúnacha bearradh Traidisiúnta fós ar fáil inniu ó

lucht déanta ar nós An Ealaín na bearrtha , Crabtree agus Evelyn ,

agus Geo . F. Trumper . Sa bhliain 1919 , Frank Shields , iar MIT ollamh , d'fhorbair

Barbasol , an chéad uachtar bearradh . An táirge nuálach

fir ar fáil mhalairt ar úsáid a bhaint as scuab a bheith ag obair

gallúnach isteach sobal . An fhoirmle Barbasol bhí ar dtús

lóis tiubh bhí deartha go chun compordach a chur ar fáil

shave do na fir le féasóga diana agus craiceann íogair ar nós

féin . A ainm a tháinig as an teaglaim de na Laidine

Barba focal , rud a chiallaíonn féasóg , agus réiteach . Sa lá atá inniu , Barbasol

fós ar cheann de na brandaí is fearr de tháirgí bearrtha ,

go háirithe sna Stáit Aontaithe .

Burma - Shave , brushless luath eile , bearradh réamh - lathered

uachtar tugadh isteach , i Meiriceá ag an Burma - Vita

chuideachta i 1925 . D'fhás sé go tapa tóir ar a áise

agus cláir fhógraí ríme cáiliúil a lined Mheiriceá

highways . Ceann de na brandaí is mó tóir ar uachtar bearradh

san India Is Godrej . An chéad táirge bearradh Godrej bhí an

bata bearradh , a tugadh isteach i 1932 .

An Dara Cogadh Domhanda a chuidigh leis an aireagán an brú

spraeála féidir . An chéad is féidir de uachtar bearradh faoi bhrú

Bhí Rise , a tugadh isteach ag Carter - Wallace , ar

Cuideachta cúram pearsanta Meiriceánach ceanncheathrú i Nua

Eabhrac , i 1949 . Aerasóil uachtar bearradh a gabhadh beagnach an cúigiú cuid den mhargadh do ullmhóidí laistigh de bearrtha

Tá ghearr ama agus bhí dominating sé ó na 1960idí .

taos fiacla

Cuireadh hÉigiptigh ag baint úsáide as a ghreamú a ghlanadh a gcuid fiacla ar fud

5000 RC , i bhfad sula raibh invented fiacla . seo

uachtar fiaclóireachta dócha tasted uafásach , mar atá sé

luaithreach púdraithe ó crúba damh, myrrh , bhlaoscanna uibhe dóite ,

pumice agus uisce . A papyrus Éigipteach i bhfad níos déanaí , dar dáta

4ú haois AD gnéithe , foirmle eile comhdhéanta de

mashed salann carraig , mint , inteachán , agus piobar dubh .

Gréagaigh ársa agus Rómhánaigh a úsáidtear fiacal a

Chuir siad scríobaigh mar shampla cnámha brúite agus oisrí

sliogáin . Na Rómhánaigh leis chomh maith blaistithe chun cabhrú le

droch-anáil . Na Síne ársa a úsáidtear réimse leathan de

substaintí , lena n-áirítear ginseng , miontaí luibhe , salann , agus

fiú Gunpowder . Sa 9ú haois , an Polymath Peirsis

Ziryab invented cineál Toothpaste a popularized sé

ar fud Ioslamach Spáinn . Bhí sé supposedly araon

feidhmiúil agus taitneamhach chun blas , ach a chomhdhéanamh cruinn

Tá anaithnid .

Tháinig toothpastes agus púdair i úsáid ginearálta sa

19ú haois sa Bhreatain agus i dtíortha eile . An chuid is mó a bhí

fós sa bhaile , le cailc , bríce smidiríní , nó salann mar

comhábhair . Faoi 1900 , rinne a ghreamú de shárocsaíd hidrigine agus

Moladh sóid aráin le húsáid le fiacla . Cuireadh toothpastes Réamh - mheasctha ar an margadh den chéad uair sa 19ú

púdair haois , ach tá fiacail fhan níos mó tóir go dtí

Nuálaíochtaí Cogadh Domhanda I. Eile 19ú aois san áireamh

cur glycerin do blas , agus strointiam a neartú

fiacla . Sa bhliain 1873 , Colgate & Company , a bunaíodh ag William

Colgate i Nua -Eabhrac i 1806 , thosaigh mais - tháirgeadh

an chéad Toothpaste i jar . Sa bhliain 1892, an Dr Washington W.

Sheffield Nua Londain , Connecticut , a mhonaraítear

an chéad taos fiacla i feadáin infhillte agus díoladh é mar an Dr

Sheffield ar crème Dentifrice . Bhí sé an smaoineamh tar éis a mhac

Chonaic péintéirí i bPáras Fáscadh péint ó fheadáin .

Bhí na feadáin Toothpaste bunaidh collapsible déanta as

luaidhe , a leached an greamaigh agus ba chúis uaireanta

nimhiú luaidhe . An fhíric , mar aon le ganntanas luaidhe

le linn an Dara Cogadh Domhanda , mar thoradh ar a n- athsholáthar le

lannaithe (alúmanam , páipéar agus plaisteach) feadáin ag an

1940í agus feadáin plaisteach go hiomlán sa lá atá inniu .

Cuireadh Fluairíd leis an chéad chun toothpastes sna 1890í le haghaidh

cavities a chosc . Ach bhí sé ach amháin i 1955 go Procter

& Sheol Gamble Crest , an chéad cruthaithe go cliniciúil

fluairíd - ina bhfuil Toothpaste . Toothpaste striped , le

dhá dathanna éagsúla a bhí invented , ag Yorker Nua

ainmnithe Leonard Marraffino i 1955 agus an chéad margadh ag

Unilever mar Stripe sna 1960í luatha .

Bearrthóirí ingne & COMHAID

Tá bearrthóirí ingne , ar a dtugtar freisin trimmers ingne nó gearrthóirí ingne ,

de ghnáth déanta as cruach dhosmálta ach is féidir a dhéanamh freisin ar

plaisteach nó alúmanam . Tá dhá chineál - an coiteann

soláthróir agus an lever cumaisc. An chuid is mó gearrthóirí ingne teacht

leis an uirlis eile ceangailte , tá a úsáidtear salachar a bhaint

ó tairní . Siad go minic freisin comhad miniature do

manicuring an imill garbh na tairní gearrtha .

Níl an aireagóir an ingne cutter ar a dtugtar i ndáiríre agus

gléasanna den chineál céanna a bheith in úsáid ó am ársa . an

an chéad phaitinn US do feabhas trimmer fingernail ,

le tuiscint go raibh a leithéid de ghléas cheana , is cosúil go

bheith arna dheonú i 1875 go Vailintín fintan de Boston ,

Massachusetts . Gléas fogerty ag teastáil ar an úsáideoir a chur

an mhéar i cuas cuasach le blade ag foirceann amháin agus

d'fhéach sé an-éagsúil ó bearrthóirí nua-aimseartha . paitinní Eile

Rinneadh haghaidh feabhsuithe i trimmers fingernail

le linn na chéad chúpla bliain eile ag aireagóirí Mheiriceánach, mar shampla

William Edge , John Hollman , Eugene Heim agus Celestin

Matz , George Coates , agus an tSéipéil Carter . Timpeall 1928 ,

Carter, a bhí ina uachtarán ar an H.C. Cook Cuideachta

de ANSONIA , Connecticut , d'éiligh go n fingernail Gem

cutter a chéad chuma chomh luath agus is 1896 . Eile luath

I measc na monaróirí Mheiriceá an L.T. Snow Cuideachta agus an Rí Klip Chuideachta Nua- Eabhrac .

Sa bhliain 1947 , William E. Bassett , a thosaigh an WE Bassett

Cuideachta i Derby , Connecticut , i 1939 , d'fhorbair an

Baile Átha Troim ingne cutter . Ba é an chéad a dhéanamh ag baint úsáide as nua-aimseartha

próisis déantúsaíochta , in oiriúint ó na modhanna

úsáid ag a chuid cuideachta a dhéanamh comhpháirteanna airtléire don

Arm na Stát Aontaithe le linn an Dara Cogadh Domhanda . Úsáid sé an jawstyle níos fearr

dearadh a bhí thart ó rinneadh an 19ú haois

ach cuireadh dhá nibs aice leis an bonn de na comhaid a chosc

gluaiseacht cliathánach ar an lámh luamhán nuair a dúnadh é ,

in ionad an rivet pinned le rivet notched , agus chuir

paitinnithe ordóg - Swerve sa luamhán . An dearadh fós

gceannas ar an margadh lá atá inniu ann .

Sna 1940í déanacha , a tugadh isteach Bassett an ard-deireadh

Croydon ingne cutter , bhí stampáilte a bhfuil clippership

feathal agus curtha chun cinn i iris Esquire do

trádáil siopa seodra . Ar an drochuair , bhí an Croydon

Ní tráchtála rathúil . Ach W.E. Leanann Bassett

a bheith ina monaróir mór na n-uirlisí áilleacht pearsanta .

Tá a líne táirge Átha Troim anois tar éis fás a chur san áireamh níos mó

ná 150 táirgí . I measc na monaróirí nua-aimseartha eile

Evenflo (tSín) , 777 (Trí Seacht , An Chóiré) , agus DOVO

Solingen (An Ghearmáin) .

PÁIPÉAR Maisiochta

An chéad úsáid doiciméadaithe de páipéar leithris i stair an duine

dátaí ar ais go dtí an 6ú haois AD , sa tSín . Sa bhliain 589 AD , an

scoláire - oifigiúil Yan Zhitui Scríobh : ' Páipéar ar a bhfuil

Tá luachana nó tráchtaireachtaí ó na Cúig Clasaicí nó

ainmneacha na saoithe , ní leomh mé a úsáid chun críocha leithris ' .

Na Síne a bhí déantúsaíochta páipéar leithris ar

scála tionsclaíoch ag na Meánaoiseanna . I rith an 14ú go luath

haois , bhí Zhejiang chúige ina n-aonar déantúsaíochta deich

milliún pacáistí gach bliain . Sa bhliain 1393 , i rith na Ming

Dynasty , 15,000 bileoga de go speisialta cumhraithe , bog - fabraic

Rinneadh páipéar leithris do Impire Hongwu ar impiriúil

teaghlaigh . An chúirt impiriúil ag Nanjing úsáid freisin faoi

720,000 bileoga de páipéar leithris go bliantúil . An 16ú haois

Scríbhneoir satirical na Fraince François Rabelais scríobh faoi leithris

páipéar ina úrscéal - ord Gargantua agus Pantagruel .

Seo neamhaird Gargantua úsáid a bhaint as páipéar mar neamhéifeachtúil ,

rannaireacht go : ' Cé a wipes a eireaball salach le páipéar , Déanfar

ar a ballocks saoire roinnt sceallóga . '

Meiriceánach Joseph Gayetty Meastar go forleathan ar an

aireagóir leithris nua-aimseartha ar fáil ar bhonn tráchtála páipéar i 1857 . éiligh a Pháipéar Íocleasaithe chun cosc a chur

haemorrhoids agus díoladh i bpacáistí de bileoga cothrom comhartha uisce ar an t-ainm an aireagóir ar. an t-aireagán

de rollta agus tá páipéar leithris bréifneach i leith an

Albany bréifneach Timfhilleadh Páipéar Cuideachta i 1877, agus

leis an bPáipéar Scott Cuideachta i 1879 . Sa bhliain 1928 , an Hoberg

Páipéar Cuideachta de Green Bay , Wisconsin , a tugadh isteach

Charmin , branda eile tóir .

Sa bhliain 1942 , Naomh Aindriú Páipéar Mill de na Ríochta Aontaithe a tugadh isteach níos boige

páipéar leithris dhá - ply . A joke rinne óstach teilifíse Meiriceánach

agus fear grinn Johnny Carson i 1973 lucht féachana a spreag

a rith amach chuig siopaí agus tús a chur clárlach , ag cruthú

ganntanas páipéar leithris saorga .

Sa lá atá inniu , 26 billiún rollaí páipéir leithris a dhíoltar gach bliain i

Meiriceá le meán de 23.6 rollaí per capita in aghaidh na bliana ,

nó 57 bileoga in aghaidh an lae . Mná claonadh a úsáid i bhfad níos mó

páipéar leithris ná fir .

An raibh a fhios agat ?

Roghnaigh daichead a naoi faoin gcéad de fhreagróirí suirbhé leithris

páipéar leis an ngá ach ba mhaith leo a ghlacadh ar

oileán tréigthe .

An míleata SAM a úsáidtear páipéar leithris a duaithníocht a umair

san Araib Shádach le linn an chéad Chogadh na Murascaille .

capsules DRUGAÍ

Inniu tá dhá phríomhchineál capsúl drugaí ,

crua - scilligthe , a úsáidtear le haghaidh tirim , substaintí púdraithe , agus

bog - scilligthe , a úsáidtear le haghaidh leachtanna olacha . Sa bhliain 1834 , ar na Fraince

mac léinn cógaisíochta ainmnithe Francois Mothes agus a

comhpháirtí , poitigéir Joseph Dublanc , invented modh

a tháirgeadh aonair - píosa capsúil geilitín bog séalaithe

le titim de thuaslagán geilitín . D'úsáid siad múnlaí iarann

chun a gcuid capsúil agus iad a líonadh ina n-aonar le

dropper leigheas .

Mothes agus capsules bog Dublanc paitinnithe , idir líonadh

agus folamh , tháinig díreach tóir sa Fhrainc .

Ach stop siad ag díol folamh capsúil i 1837 . An

Bhí toradh éileamh atá ag fás le haghaidh capsúil folamh agus

bhí roinnt iarrachtaí a shárú ar an bpaitinn trí

dearaí nua a chruthú . Sa bhliain 1846 , poitigéir Parisian Jules

Lehuby invented dhá phíosa capsúil crua - , comhdhéanta de

caipín agus comhlacht píosaí forluí cosúil leis na cinn a úsáidtear

lá atá inniu ann . Rinneadh na sliogáin a rinneadh ar dtús ar stáirse taipióca nó

mhilsiú le síoróip . James Murdock de Londain a bhí

deonaíodh paitinn na Breataine i 1848 don chéad dhá phíosa

capsule crua déanta go hiomlán de geilitín . Murdock , a

Cuireadh gníomhaire paitinne , d'fhéadfadh a bheith ag gníomhú thar ceann Lehuby .

Rinneadh capsúil crua a rinneadh ar dtús i dhá chuid agus ansin chuaigh le chéile de láimh . Ach bhí sé deacair a fháil

go leor cruinneas a dhéanamh ar na codanna cuí i gceart . Sa bhliain 1913 , an Chuideachta Colton Detroit , Michigan , invented

an meaisín Cruachadóir i gcomhar leis an Mheiriceá

chuideachta chógaisíochta Eli Lilly chun an fhadhb seo a réiteach .

Na meaisíní a dhéanamh capsúil crua lá atá inniu ann bunaithe

ar a n- aireagán .

Tá gach de chineál bog - fhoirmiú nua-aimseartha bunaithe ar phróiseas

forbartha ag aireagóir Mheiriceá bisiúil Robert Scherer ,

i 1933 . Bhíodh sé bás rothlacha a thabhairt ar aird an capsules

agus iad a líonadh le mhúnlú buille . An modh seo a laghdú

diomailt agus capsules a tháirgtear le an- aithrise

dosages . D'oibrigh Scherer a athar miotail íoslach

siopa ar feadh trí bliana a fhorbairt a meaisín . sé ansin

déanta na Táirgí geilitín Cuideachta chun an margadh a

aireagán . Ba é an chuideachta nua rathúil láithreach

agus tháinig an RP Scherer Corporation i 1947 . An

Tá an t-úinéir reatha na teicneolaíochta RP Scherer Catalent

Solutions Pharma, an domhan monaróir is mó de

capsúil softgel .

An raibh a fhios agat ?

Tá geilitín a mhonaraítear ó collagen a lománaíodh ó

craiceann ainmhithe nó cnámha . Is fadhb do veigeatóirí ,

vegans , agus iad siúd a bhreathnú dlíthe creidimh áirithe , agus

Tá capsules fhoirmiú chomh vegetarian ar fáil anois .

lipstick

Bhí mná Mesopotamian tSean b'fhéidir, an chéad duine a

chumadh agus a chaitheamh lipstick . D'úsáid siad gemstones brúite ,

cré dearg , meirge , henna , agus feamainn a mhaisiú a liopaí .

HÉigiptigh tSean chruthaigh lipstick corcra domhain ó

feamainn , iaidín , bróimín agus mannite go raibh an-

tinneas tromchúiseach tocsaineach agus ba chúis leis. Cleopatra VII , a

Rialaigh 50-31 RC , a úsáidtear lipstick déanta as brúite

feithidí cochineal , a thugann lí dearg domhain ar a dtugtar

mar Carmine . Lipsticks a bhfuil éifeacht glioscarnach ar dtús

úsáid substaint pearly le fáil i scálaí éisc .

Le linn na Meánaoiseanna , an cosmetologist Arabacha suntasach

agus máinlia Abu al - Qasim al- Zahrawi (Abulcasis)

lipsticks soladach invented , a bhí bataí cumhraithe

rollta agus brúite i múnlaí speisialta . Ach i Meánaoise

Eoraip, measadh go raibh lipstick ar incarnation Satan

agus cuireadh toirmeasc ag an séipéal .

Dathú liopaí thosaigh a aisti athuair roinnt tóir i 16

haois Sasana liopaí geal dearg agus bán lom

tháinig aghaidh faiseanta . Ach sa 17ú haois , lipsticks

agus cosmaidí eile a chuaigh as faisin arís . Sa bhliain 1653 ,

ar sagart Béarla ainmnithe Thomas Halla i gceannas ar ghluaiseacht

fógairt go péinteáil aghaidheanna bhí obair an diabhail . Sa bhliain 1770 , cuireadh dlí a ritheadh fiú ag Parlaimint na Breataine a

dúirt go mbeadh na póstaí sin ar neamhní má tá an bhean

Chaith cosmaidí roimh a lá bainise .

Cosmaidí níos luaithe fhan do-ghlactha do respectable

Mná na hEorpa ach dearcadh thosaigh a athrú i

1850í agus an chéad lipstick tráchtála Bhí invented i

1884 ag perfumers i bPáras . Bhí sé clúdaithe sa pháipéar síoda

agus déanta as gheire fianna , ola castor , agus céire beach. Ag

an am sin , bhí a dhíoltar lipstick i feadáin páipéir , páipéar tinted , nó

potaí beaga . James Bruce Mason Jr Nashville , Tennessee ,

paitinnithe nua-aimseartha sclóine - suas lipstick feadán i 1923 .

Sa bhliain 1927 , invented poitigéir Fraince Paul Baudercroux ar

foirmle a dtugtar Rouge Baiser . Ba é seo an chéad fada - buan

lipstick . Aisteach go leor , bhí Rouge Baiser buan ró-fhada ! bhí sé

chomh crua a bhaint go raibh sé toirmeasc as an margadh .

Sna 1940í déanacha , Hazel Easpaig , ceimiceoir orgánach i Nua

Eabhrac , a rinneadh os cionn trí chéad turgnaimh le

fréamhshamhlacha lipstick éagsúla ina cistin . sí ar deireadh thiar

cruthaíodh an chéad fada - buan , neamh - smearing lipstick nua-aimseartha ,

ar a dtugtar Uimh - Smear . Sa bhliain 1950 , bhí sí Coll Easpaig Inc

h póg - cruthúnas aireagán , ar an margadh mar a chur chun cinn ' tréimhsí ar tú

... Ní ar dó ' . Bhí a ngnó tháinig rath agus mheall go luath

iomaitheoirí, mar shampla Revlon . Sa lá atá inniu , iad blaistithe agus orgánacha

lipsticks ag éirí coitianta .

CHAPSTICKS

Daoine curtha le chéile do leigheasanna liopaí chapped

ó am ársa . Léiríonn taifid Síne go foirm

de liopa balm - a bhí á n-úsáid chomh luath leis an Han Oirthir

dynasty (25-220 AD) . An haois luath - le - lár an 18ú

Cur síos ar an leabhar Meiriceánach leigheas do liopaí chapped do

máithreacha altranais :

Chun Cure CHOPT Lipps & c .

Tóg 2oz : beacha céir agus gearr as é i bpíosaí nó bitts & 1

Gill ar oyl Sweet maith a leag sé thar tine Glan nuair a

Tuaslagtha Doirt sé isteach ar Geal Bason & beidh sé nuair a

Coal'd earra Oyntment do siní tinn freisin aon

Rud den chineál sin .

Sna 1880í luatha , an Dr Charles Browne Flít , Meiriceánach

dochtúir ó Lynchburg , Achadh an Iúir , invented chapstick

mar balm liopa . A dhíoltar go háitiúil , táirge lámhdhéanta

resembled coinneal wickless fillte i scragall stáin . Sa bhliain 1912 ,

John Morton cheannaigh na cearta chun an táirge ar feadh cúig

dollar agus táirgeadh thosaigh an chapstick bándearg

ina chistin . Bhí a chuid gnó éirigh chomh maith sin

Baineadh úsáid as fáltais ó na díolacháin a fuair an Morton

Déantúsaíocht Corporation . Sa bhliain 1963 , fuair an Chuideachta AH Robins chapstick

ó na Morton . Ag an am sin , ach chapstick liopaí

Bata rialta balm bhí á mhargú do thomhaltóirí .

Ina dhiaidh sin , tá go leor cineálacha níos mó tugtha isteach .

Ina measc seo tá ceithre bataí bhfuil blas an chapstick liopaí balm

i 1971 , chapstick sunblock 15 i 1981 , chapstick

Peitriliam glóthach Plus i 1985 , agus chapstick íocleasaithe

i 1992 . Bhí skier Meiriceánach Suzy Chaffee urlabhraí

le haghaidh an branda sna 1970í agus bhí ar a dtugtar Suzy

Chapstick . Tá racer sciála Iar Meiriceánach Sráid Picabo anois

le feiceáil go coitianta ar a gcuid fógraí teilifíse .

Chapstick faoi úinéireacht anois ag Pfizer , a dhíoltar an

tsaoráid déantúsaíochta i Richmond , Virginia , in 2011 go

Fareva , cuideachta na Fraince a mhonaraíonn anois agus

pacáistí ChapSticks do Pfizer .

An raibh a fhios agat ?

Sa bhliain 1972 , cuireadh mhodhnú feadáin chapstick le bhfolach

micreafóin agus in úsáid ag oibrithe Teach Bán G.

Gordon Liddy agus E. Howard Hunt nuair a bhris siad

isteach sa cheanncheathrú Dhaonlathach an Coiste Náisiúnta

ag an casta oifig Watergate i Washington , DC . an

scannal mar thoradh ba chúis leis an éirí as ar

Richard Nixon ar 9 August 1974- an t-éirí amháin

Uachtarán US till dáta .

cíor fiacla

Fuarthas go raibh an fhianaise is sine Cíoranna fiacla nó fiacla bréige ag Archeologists i Meicsiceo . Fuair siad creatlach , ag dul

ar ais go dtí 2500 RC , a bhfuil fiacla tosaigh a bheith talamh

síos , is dócha seomra a dhéanamh le haghaidh cíor fiacla a dhéantar de mac tíre

fiacla . Timpeall 700 RC , Etruscans i dtuaisceart na hIodáile a rinneadh

cíor fiacla as fiacla an duine nó do shláinte ainmhithe a bhí ceangailte go

le sreang nó bandaí óir . Na olcas go tapa , ach

Bhí éasca a thabhairt ar aird . Ní raibh mórán dul chun cinn a thuilleadh

go dtí an 18ú haois . Ní raibh Cíor fiacla coitianta agus

Ba fiacla ar iarraidh an norm fiú i measc na uaisle .

Banríon Eilís I Shasana a chur éadach bán na bearnaí

chun breathnú níos fearr go poiblí .

Is é an cíoranna is sine iomlán déanta as adhmad agus

dátaí ar ais go dtí an 16ú haois tSeapáin . I rith an 18ú

haois , a úsáidtear fiaclóirí Eorpacha walrus , eilifint , agus

Eabhair dobhareach a dhéanamh plátaí cíoranna inar

D'fhéadfaí fiacla a bheith ceangailte . Ach bhí siad ionsaí ag an

aigéid i seile , tasted uafásach , agus go luath lofa . Thairis sin ,

Bhí cíor fiacla luath a chur as oifig roimh ithe , mar atá siad

nach raibh slán go leor chun chew leis .

Bhí an chéad Uachtarán Mheiriceá , George Washington , cíor fiacla

déanta de Eabhair dobhareach snoite isteach inti feistithe daonna , capall , asal agus fiacla . Mar sin féin , bhí siad

an- painful agus riocht a bhéal . Mar gheall ar seo ,

Bhí a dara aitheasc tionscnaimh giorra d'aon US

Uachtarán go dtí seo - mhair ach 90 soicind !

Tháinig fir Dead fiacla tóir cíor fiacla agus bhí

ar fáil go héasca in amanna cogaidh . Mar shampla , tar éis Chath

Waterloo , bhí glut na fiacla Waterloo plucked ó

chorpáin saighdiúirí ' ar an catha . I rith na Mheiriceá

Cogadh Cathartha , bhí shipped bairillí na fiacla sórt sin ar ais go dtí

Eoraip . Cuireadh Fiacla bhaintear freisin ó coirpigh chun báis ,

goidte ag robálaithe uaigh , nó fiú cheannaigh as an bochta .

Cuireadh na chéad cíor fiacla porcelain déanta timpeall 1770 ag

Alexis Duchâteau , ar apothecary na Fraince . Tar éis roinnt

teipeanna , chruthaigh sé dearadh praiticiúil a tháinig an-

tóir . Mar sin féin , bhí siad seans maith go sliseanna agus d'fhéach sé

ró- bán a bheith ina luí . A iar cúntóir Nicholas

Fuair De Chemant an chéad phaitinn do cíor fiacla i 1791 .

Sa bhliain 1820 , thosaigh Claudius Fuinseog Londain déantúsaíochta

cíor fiacla porcelain níos fearr suite ar ór 18 carat -

plátaí . Ón 1850í , éabainít , foirm de cruaite

rubair , thosaigh ór in áit , a laghdaigh go suntasach

costais . Go luath 20ú haois, bhí cíor fiacla a dhéantar

ó roisín aicrileach agus plaistigh eile . Sa lá atá inniu a ghlacann siad go hiomlán

leas a bhaint as cóimhiotail agus plaisteach nua .

díbholaígh

Tá éagsúlacht leathan de díbholaíoch bheith in úsáid ó

antiquity . An Egyptians Ársa indulged i cumhraithe

folcthaí , agus na Gréagaigh Ársa agus na Rómhánaigh go minic

úsáid cumhrán agus olaí aramatacha . Ach leis an titim de

Róimh, an fondness do snámha a bhí caillte chomh maith . Uaireanta

Baineadh úsáid as salainn carraig mar deodorant i gcodanna den Áise . I

an 9ú haois , an Arabacha nó Peirsis Polymath Ziryab

díbholaígh a tugadh isteach i Moorish Spáinn .

An chéad deodorant tráchtála , a Mhamaí tugadh isteach ,

agus paitinnithe i 1888 ag aireagóir Mheiriceá anaithnid .

Mhamaí bhí ar dtús clóiríde agus céir greamaigh since nó

uachtar . Ina dhiaidh sin bhí go luath ag Everdry , alúmanam

clóiríd bunaithe ar antiperspirant .

Faoi 1900 , a lán de na frithallasáin i bhfoirmeacha éagsúla

ó taois , bataí , dabbers , púdair , agus smearthaí a

Bhí rolladh - ons fáil ar an margadh . Ach boladh coirp

Measadh go raibh ceist phríobháideach agus daoine is mó a rinne

Ní iad a úsáid . Thóg sé fógraíochta cliste le haghaidh do thomhaltóirí

a bheith cinnte de a gcuid buntáistí . An feachtas do

antiperspirant ainmnithe Odorono , deartha ag iar-

dhoras go doras Bíobla salesman ainmnithe James Óga , bhí

tábhachtach i dtaca leis seo . Léirítear é boladh coirp mar bréige sóisialta Pass go bhfuil aon duine a bheadh a insint go díreach leat go raibh

freagrach as do unpopularity , ach a raibh siad

sásta chun gossip taobh thiar do ais faoi .

Tháinig díbholaígh tóir orthu i measc na mban sa

Lean 1920idí , ach fir a chomhlachú leis an boladh coirp

masculinity . Mar sin, thosaigh fógraíocht atá dírithe ar fhir ag preying ar a n- insecurities , mar a chailliúint a gcuid oibre mar gheall ar

le boladh coirp . Bhí sé seo ionchas uafásach i rith na

Spealadh Mór. Barr - flite , an chéad bhfear deodorant ,

seoladh i 1935 agus a phacáistiú i buidéal dubh .

Deodorant Eile fireann , Muir - Forth díoladh , i ceirmeach

crúiscíní uisce beatha láithriú mar firinscneach agus is féidir .

Sna 1940í déanacha , mhol Edward Gelsthorpe dhearadh

applicator deodorant bunaithe ar pinn gránbhiorach . a smaoineamh

D'fhorbair poitigéir Helen Diserens . Sa bhliain 1952 , Bristol -

Myers thosaigh margaíochta é mar Ban Roll-On . Ba é an táirge

rath , cé sheachaint tomhaltóirí bhfear leor iad

toisc go bhfuair ghabhtar gruaige underarm sna applicators .

Aireagóir Mheiriceá agus poitigéir cosmaideacha Dr Jules

Bernard Montenier paitinnithe a fhoirmliú nua-aimseartha

an antiperspirant i 1941 . Bhí Gillette ar Ceart Garda

an chéad antiperspirant aerasóil sna 1960í luatha . Sa lá atá inniu .

thart ar 95 faoin gcéad de na Meiriceánaigh a úsáid deodorant .

TUILLEADH LÉITHEOIREACHTA

. 1 An Kid Cé a Invented an popsicle : Agus Eile

Scéalta Iontas Maidir Aireagáin ag Don L. Wulffson ,

bog - 128 leathanach (1999) , Puifín .

2 . Botúin Go oibrigh ag Charlotte Foltz Jones agus

John O'Brien (maisitheoir) , bog - 48 leathanach (1994) ,

Doubleday .

3 . Bunús Urghnách Panati de Laethúil Rudaí ag

Charles Panati , bog - 480 leathanaigh , eagrán atheisiúint

(Meán Fómhair 1989) , HarperCollins .

. 4 An Éabhlóid Rudaí Úsáideacha : Conas Déantáin Laethúil

- Ó Forks agus pionnaí do Clipeanna Páipéar agus Zippers - Tháinig

a bheith mar go bhfuil siad ag Henry Petroski , bog - 304

leathanaigh (1994) , Gheobhaidh dream eile .